ANNE KRÜGER-DEGENER

WELPEN TAGEBUCH

Der praktische Begleiter für die ersten Monate

KOSMOS

INHALT

Ein Welpe zieht ein

*„Es geht nicht darum,
wie weit du gekommen bist,
sondern wie du dorthin
gekommen bist."*

DAS NEUE FAMILIENMITGLIED

Chaos, Trubel, Glück

Das ist in der Tat ein großer Schritt. Ein neues Familienmitglied wird Teil des Alltags, des eigenen Clans, des Lebens. Für manche von Ihnen vielleicht das erste Mal, für andere wird es eine Wiederholung sein. Und egal wie, es ist eine zauberhafte, intensive und lebendige Zeit, in die Sie nun hineinsteuern. Das Glück, das Welpen in unsere Herzen zaubern, ist mit Geld nicht zu bezahlen. Sie bringen uns zum Lachen, sie fluten uns mit Liebe und stärken unser Bindungssystem. Sie können aber auch unser Leben ganz schön auf den Kopf stellen. Welpen sind vierbeinige Glücksbringer, sie sind der Inbegriff der Lebendigkeit, sie erklären uns auf ihre wundervoll tapsige Art die wirklich wichtigen Dinge im Leben.

Die Zeit des Sich-Kennenlernens ist einzigartig und etwas ganz Besonderes.

Sie sind ein Glückspilz

Damit auch Ihr Weg mit Ihrem Welpen zum gemeinsamen Glück führt, gibt es dieses Welpentagebuch. Es ist ein lebendiges Arbeitstool, mit wichtigen Abschnitten zu Auswahl, Management und Erziehung, zum gegenseitigen Verständnis und der gut aufgebauten gemeinsamen Sprache, ein Tagebuch zum Mitarbeiten. Sie haben viel Platz für eigene Notizen, bekommen fundiertes Fachwissen und können sich mit den Filmen über die Kosmos Plus App erfolgreiche Beispiele anschauen und erkennen, worauf es im Leben mit einem jungen Hundekind eigentlich ankommt.
Ein Glückspilz sind Sie ja bereits. Sie haben die Möglichkeit, den Wunsch sowie das klare Ziel, Ihr Leben mit einem Hund zu teilen. Sie wissen ja:

„Wer glaubt, Glück könne man nicht anfassen, der hat noch nie einen Hund gestreichelt."

Glück ...

Nehmen Sie Ihr Glück in die Hand und gestalten Sie die Aufzucht aktiv. Dadurch beeinflussen Sie die Entwicklung Ihres Hundes positiv. Mit einem klaren Konzept entwickeln Sie sich systematisch zu einem Team.

Werden Sie Glücksschmied

Glück schmieden macht Freude und glücklich. Und je sicherer Sie in dem Handwerk des Glückschmiedens sind, umso sicherer erreichen Sie all Ihre Visionen. Als Glücksschmied sind Sie in der Lage, Ihren kleinen Freund von Anfang an gezielt und gelassen zu begleiten, Sie können sein inneres und äußeres Wachstum optimal coachen, bekommen einen richtig guten Überblick über seine Entwicklung, und wissen sehr schnell was wichtig ist für Ihre Beziehung. Sie lernen, eine gemeinsame Spur zu finden, ein stabiles und sinnvolles Management aufzubauen und sich und Ihrem vierbeinigen Freund wundervolle Komfortzonen zu schaffen. Sie lernen, ein achtsamer Mensch zu sein, um einen zugewandten Hund an Ihrer Seite zu haben. Sie lernen, geduldig zu sein, um einen aufmerksamen Hund zu begleiten und Sie werden lernen, mit Ihrem Hund dieselbe Sprache zu sprechen, Kommunikationswege zu entwickeln und Missverständnisse zu vermeiden, damit Sie und Ihr Hund in gegenseitigem Vertrauen und in einer echten Harmonie leben können.

VON ANFANG AN ALLES RICHTIG MACHEN, GEHT DAS?

Den Wunsch, alles richtig machen zu wollen, hegt fast jeder von uns in sich. Oft glückt es, manchmal aber hemmt schon allein der Richtigmacher-Ehrgeiz die Chance, die Ziele zu erreichen. Manchmal ist dieser Wunsch die Löschdecke für Flexibilität, Empathie und demnach auch für Lebendigkeit.

Ich verrate Ihnen gerne, dass ich immer und in jedem Moment das Bestreben habe, alles richtig zu machen, es besser zu machen, zu optimieren. Dennoch weiß ich, dass ich gerade in der Aufzucht junger Hunde Plan A bis Z in der Tasche haben muss, denn so gut ich mich auch vorbereite, das größere Mitspracherecht in dieser sechsbeinigen Beziehung hat nun mal der kleine Hund.

Dennoch können wir Fehlerquellen von Beginn an ausschließen, müssen nicht jedes Lehrgeld selbst bezahlen und haben mit der Entscheidung, einen jungen Hund in unser Leben zu lassen, unfassbar viele Möglichkeiten, die Weichen in Richtung „gemeinsames Glück" zu stellen.

Planung und Hilfestellung

Für diejenigen, die den Einzug eines jungen Hundes planen und organisieren können, wird es in diesem Buch viele Entscheidungshilfen und Tipps für ein gelungenes Management geben.

Und für diejenigen, in deren Leben einfach so ein kleiner Hund reinpurzelt, wird es in diesem Buch sehr viele Hilfestellungen geben, wie man schnell und sicher zu einem guten und ritualisierten Tagesablauf kommt. Manch einer plant den Einzug, manch anderer nimmt einfach einen kleinen Hund auf, vielleicht, weil er in Not geraten ist. Und zwischen diesen beiden Möglichkeiten gibt es noch unzählige weitere, wie man zu einem jungen Hund kommen kann.

Wichtig ist, die Welt, die Situation und alles was daraus entsteht, aus den Augen des kleinen Hundes zu sehen. Er verursacht vielleicht viele Veränderungen im Leben, kann sie aber am wenigsten überblicken oder bewusst steuern. Und wenn Sie als Glücksschmied Ihr Handwerk verstehen, dann werden Sie nicht nur Ihr eigenes Glück schmieden, sondern auch das Ihres kleinen vierbeinigen Freundes.

Beginnen wir von vorn

Sie möchten gerne viel Fell zwischen Ihren Fingern spüren, die ungebremste Freude erleben, wenn Sie nach Hause kommen, oder Sie möchten einen Hund, der auffällt durch Nichtauffallen, Sie suchen einen Lawinensuchhund, oder einen Hund für die Jagd, einen Hund, der Sie in der geriatrischen Therapie begleitet oder Menschen in Not ein Lachen ins Gesicht zaubert, Sie möchten gerne draußen Sport treiben und dabei eine ebenso sportliche Begleitung haben, die Sie anspornt, noch mehr zu geben, und wenn Sie abends gemütlich auf dem Sofa sitzen, dann möchten Sie die Ruhe eines schlafenden Hundes erleben, um selbst zu einer tiefen Ruhe zu finden. Sie möchten sich um das Wohlergehen einer anderen kleinen oder großen Persönlichkeit kümmern und lieben die Bindungsarbeit, die Komplimente, die nur ein Herz auf vier Pfoten machen kann. Sie möchten Ihre Freizeit mit einem Gefährten teilen, der Sie motiviert, Ihr Bestes zu geben? Dann, genau dann brauchen Sie einen Hund an Ihrer Seite. Doch was soll er mitbringen, wie soll er sein?

Schreiben Sie Ihre Wünsche auf

Definieren Sie Ihre Wünsche, Ihre ganz persönliche Vorstellung Ihres Alltags mit Hund, schreiben Sie Ihre Visionen genau auf. Und dann werden Sie herausfinden, welcher Hund zu Ihnen passt.

Es gibt über 350 Hunderassen auf dieser Welt und unzählige Mischungen aus all jenen. Es gibt große, kleine, schnelle, langsame, agile und faule Hunde. Es gibt sie in allen Farben und Formen, welche aus einem goldenen Käfig und welche aus tiefster Not. Es gibt sie in Lustig, in Ruhig, in Aktiv oder in Passiv. Es hört sich an, als gäbe es Hunde wie Spielzeug. Nein! Es sind Persönlichkeiten, es sind selbstbestimmte Kreaturen, die eigene Vorstellungen von ihrem Leben haben, es sind individuelle Charaktere, die zuchtgeschichtlich einen inneren Auftrag in sich haben, den sie Ihnen gern im Lauf Ihrer Beziehung offenbaren. Und wenn Sie nicht allzu überrascht von dieser Offenbarung sein wollen, dann macht es Sinn, sich tiefgreifend, ehrlich und gründlich zu informieren. Die Sorgfalt in der Vorauswahl vermeidet spätere Enttäuschungen.

Das Kindchenschema ist bei allen bezaubernd, die Zuchtgeschichte aber extrem unterschiedlich.

AUSWAHL MIT HERZ & VERSTAND

Rasse, Züchter, Hund

Auch in unser Leben sind Hunde auf die unterschiedlichste Art und Weise gekommen. Es gab Hunde, die wurden auf unserem Hof nachts über den Zaun geschmissen und wir haben sie aufgenommen, und sie waren mir ein Leben lang eine Freude, andere habe ich sorgfältig nach ihrer Genetik ausgesucht und mir sehr viel Mühe gemacht mit der Entscheidung. In mein Leben sind Hunde gepurzelt und gezielt eingeflogen. Ich habe unzählige Hunde gerettet, einige gezüchtet und ein paar käuflich erworben. Suche ich gezielt nach einem vierbeinigen Partner, dann definiere ich meine Ziele und versuche, die genetische Disposition zu optimieren. Suche ich einfach nur nach einem Begleiter, der weder besonders toll apportieren, suchen oder Schafe hüten soll, dann lasse ich einzig und allein mein Herz entscheiden.

Der Bauch ist ein verdammt kluger Kopf

Ich bin davon überzeugt, dass es irgendwo einen Stern gibt, der dafür sorgt, dass der richtige Hund zu dem passenden Menschen gerät. Viele Menschen haben es, dieses echte

Welche Rasse entscheidet Ihr Kopf, welcher Welpe entscheidet Ihr Bauch.

Bauchgefühl, und ihre innere Stimme meldet sich, wenn es an der Zeit ist. Oft kann es aber auch sein, dass es nur das Kindchenschema der bezaubernden Welpen ist, das allerdings nur eine kurze Zeit anhält. Wenn dann das Erwachen kommt, kann das Leben für den kleinen Hund eine schwierige Wendung nehmen.

„Wenn Sie sich für einen Welpen entscheiden, dann entscheiden Sie sich für einen Hund."

In der Tat sind alle Welpen süß. Und wenn man vorhat, einfach einmal eine Hundefamilie zu besuchen, nur um zu gucken, gelingt es selten, sich nicht zu verlieben, verzaubern zu lassen und sofort, fast instinktiv, eines dieser kleinen Geschöpfe bei sich aufnehmen zu wollen. Die Verantwortung für das Jetzt kann jeder überblicken. Die Verantwortung für das kommende Jahrzehnt vielleicht noch nicht.

DAS KINDCHENSCHEMA HILFT ÜBER DIE PUBERTÄT HINWEG

Ich bin davon überzeugt, dass es mit Welpen so ist wie mit Kindern. Sie machen uns mit ihrem Kindchenschema so verliebt, damit wir bereit sind, ihnen alle Fehler, die sie in der Pubertät machen, zu verzeihen.
Betrachten Sie ein junges Hundekind, dann stellen Sie sich bitte vor, wie genau dieser Hund aussehen wird, sich bewegen wird, welche Anforderungen er an sein Leben stellen wird. Und wenn es deckungsgleich mit Ihrer Vision, Ihren Möglichkeiten, Ihrem Leben ist, dann, ja dann verlieben Sie sich gerne Hals über Kopf. Sollte das aber nicht der Fall sein, dann vermeiden Sie vielleicht besser den Besuch der Hundefamilie, denn Sie führen sich sonst in Versuchung.

WELCHER WELPE PASST BZW. GEHÖRT ZU IHNEN?

An dieser Stelle der Auswahl treffen wir auf ein meist wissenschaftlich betriebenes Thema. Hier gibt es unzählige Ratschläge, Tests und Auswahlverfahren, die am Ende immer dasselbe Ziel haben: Sie können sich entscheiden. Der Moment, vor einem ganzen Wurf voller Niedlichkeiten zu sitzen und den Beschluss für das nächste Jahrzehnt zu fällen, ist fast wie bei einer Liebe auf den ersten Blick.
Ich möchte Sie hier gerne von all den Regeln und Gesetzen befreien, die in Wirklichkeit keine sind. Der, der als erstes zu Ihnen kommt, der, der immer als erstes frisst, der, der am mutigsten ist und so weiter und so weiter. Ihnen muss klar sein, dass Sie in dem Moment, in dem Sie diesen Wurf besuchen, nur eine Tagesform der Welpen wahrnehmen. Und diese kann jeden Tag anders sein. Diese kleinen Nesthocker verändern sich manchmal fast stündlich. Es ist schwierig, diese kleinen Kreaturen im Säuglingsalter für ein ganzes Leben auf einen Charakter festlegen zu wollen.

Genetik und Bauchgefühl

Ich selber züchte seit über 30 Jahren Leistungshunde. Zu Beginn meiner Karriere habe ich streng über die Verhaltensunterschiede, Auffälligkeiten und die Anlagen Buch geführt. Der Versuch, den für mich besten Hund herauszufinden, stand am Ende nicht mehr mit den Beobachtungen aus der frühkindlichen Phase in irgendeinem Zusammenhang. Ich habe mal den Dicksten, mal den Dünnsten, den Ersten, den Letzten genommen und aus allen sind hervorragende Mitarbeiter geworden. Seit mir das klar ge-

Beobachten Sie die Welpen in unterschiedlichen Situationen und so häufig es geht.

Ihr Herz wird spüren, welcher Hund Sie in Zukunft begleiten wird.

worden ist, suche ich mir nur noch die passende Genetik aus und lasse dann bei der Auswahl des Individuums mein Herz oder mein Bauchgefühl entscheiden. Vielleicht ist es die Zeichnung oder irgendein Habitus, der mir gerade auffällt. In meinen Augen ist der gute Züchter verantwortlich für die charakterlichen Anlagen und ich bin dafür verantwortlich, wie erfolgreich sich die guten Anlagen festigen. Und das macht am Ende einen guten Hund aus.

Gehen Sie frei und unverkrampft an die Sache heran und entscheiden Sie sich für das Hundekind, das Ihr Herz berührt. Warum auch immer.

In diesem Buch haben Sie nicht nur die Möglichkeit, viel zu lernen und aktiv mitzuarbeiten und zu gestalten, sondern unter der Rubrik „Aus dem Nähkästchen“ dürfen Sie auch immer mal wieder einen Blick in mein persönliches Welpentagebuch werfen und vier unterschiedlichste Hunde an verschiedenen Stationen in ihrem ersten Lebensjahr begleiten. Whiskey, Juice, Luna und Joda werden Ihre Herzen erobern.

Beginnen Sie damit, Ihre Vision von Ihrem Leben mit Ihrem Hund zu definieren. Finden Sie heraus, wie Sie sich Ihr Leben mit Ihrem Hund vorstellen, beschreiben Sie Ihre Wünsche.

Notizen

Meine Visionen

„Der Hund ist Teil unseres Lebens. Für unseren Hund sind wir sein ganzes Leben."

Unbekannt

8. – 16. Woche

*„Zeit, die wir uns nehmen,
ist Zeit, die uns etwas gibt."*

Ernst Ferstl

VORBEREITUNGEN FÜR DEN EINZUG

Nestwärme und Sicherheit

Sie haben sich für einen Welpen entschieden. Und nun geht für jeden dasselbe Thema los. Der Einzug muss vorbereitet werden. Ja, Platz ist in der kleinsten Hütte und tatsächlich braucht ein Welpe in der ersten Zeit nichts Außergewöhnliches. Er braucht Wärme, Schutz, Liebe, Fürsorge, das gewohnte Futter und frisches Wasser. Vielmehr ist es nicht. In unserer menschlichen Welt gibt es Eltern – und ich darf an dieser Stelle den Vergleich zu unserem menschlichen Nachwuchs ziehen –, die haben vor der Geburt ihres Babys bereits ein voll ausgestattetes, schön dekoriertes Kinderzimmer, und stellen dann fest, wenn das Baby da ist, dass der warme Arm der Eltern in der ersten Zeit der einzige Ort ist, wo sich das Neugeborene sicher und wohlfühlt. Genauso ist es mit einem kleinen Hund. Halten Sie Nestwärme für ihn bereit, dann sind Sie gut gerüstet. Alles andere kann man sich nach und nach kaufen.

Was Sie alles brauchen, wie Sie die Ernährung, die Unterbringung und die ersten Spielsachen für Ihr Hundekind aussuchen, wie Sie das Bindungssystem stärken und was Sie unbedingt vermeiden sollten, erfahren Sie in diesem Kapitel.

Doch unabhängig vom Management und gutem Futter, sei eins gesagt: Sie brauchen Zeit für diese Zeit: Zeit, sich kennenzulernen; Zeit, Rituale zu finden; Zeit, sich zu verlieben. Die Vorbereitung für den Einzug sollte man wie den schönsten Urlaub seines Lebens sehen und vielleicht auch so planen. Denn diese Zeit ist enorm wichtig, wertvoll und einzigartig. Und sie ist schnell vorbei.

Beim Züchter bekommt der Kleine Nestwärme von seiner Mutter und seinen Geschwistern.

Später sind Sie für sein Wohlergehen verantwortlich. Bieten Sie Sicherheit und Geborgenheit.

LIEBE AUF DEN ERSTEN BLICK

Sie haben Ja gesagt zu dieser kleinen Kreatur und starten nun eine Reise in eine besondere Zeit Ihres eigenen Lebens. Sie werden Zugeständnisse machen, Fragen haben und wunderbare Dinge innerhalb einer Beziehung erleben. Sie gehen nun gemeinsam mit einer anderen Kreatur ein Stück Ihres Weges zusammen, der Lebenslust und Teamgeist beinhaltet. Und Sie sind dafür verantwortlich, nicht von der Route abzukommen, damit Sie Ihre Visionen, Ihre Ziele erreichen.

Ausrüstung und Management

BRUTPFLEGE MIT LEIDENSCHAFT

Laut Gesetz dürfen Hunde ab dem Alter von acht Wochen ihre Mutter verlassen. Es ist die Zeit, in der sie außer Muttermilch auch schon große Mengen fester Nahrung zu sich nehmen. Es ist die Zeit, in der es möglich ist, diesen für den Hund doch schwierigen Transfer zu wagen. Würden wir die Mama und das Hundekind fragen, ist es meist nicht der richtige Zeitpunkt, denn der gesunde, sichere Rahmen der Familie, die innerartlichen Komfortzonen, das Kontaktliegen, ja, einfach die Nestwärme, sind für das Hundekind der sichere Rahmen seiner kleinen Welt. Nun ist es an Ihnen, diese Zeit der Brutpflege zu übernehmen. Die Zeit, die Sie nun investieren, um Ihrem kleinen Hund eben diese Nestwärme zu bieten, den uneingeschränkten Körperkontakt, das nicht enden wollende Streicheln, Ausmassieren, Schützen, Tragen und Liebkosen, diese Zeit zahlt sich durch ein stabiles Bindungssystem, eine belastbare Beziehung, ein tiefes Vertrauen aus. Nennen Sie es Brutpflege und betreiben Sie es intensiv und mit Leidenschaft.

Vom Kidnapper zum Coach

Es ist und bleibt ein sehr invasiver Eingriff in das Leben einer kleinen Kreatur. Das brauchen wir uns nicht schönreden. Es ist gut, wenn wir den Tatsachen ins Gesicht sehen, die Situation dadurch besser einschätzen und Folgeschäden vermeiden können. Ein Hundekind hat kein anderes Interesse, als bei seiner Mama und seinen Geschwistern zu sein. Und dann kommen Sie. Sie nehmen es und reißen es aus seinem stabilen Bindungssystem heraus. Stellen Sie sich vor, Sie wären ein zweijähriges Kind und da käme ein Elefant, würde Sie hochnehmen und einfach zu sich in seine Elefantenfamilie verschleppen. Ihre Welt würde zunächst zusammenbrechen. Sie verstehen kein elefantisch, Sie kennen die Gerüche und Geräusche nicht, Sie wollen nur eins: nach Hause zur Mama. Genau das passiert in dieser Zeit. Es gibt Hundekinder, die meistern das unfassbar stark und unbeirrt, und es gibt welche, die trauern unendlich lange um den Verlust ihrer Familie. Sie haben also hier eher die Rolle eines Kidnappers. Und Sie haben die Chance, diese Rolle zu tauschen, gegen die Rolle des liebevollen Partners, des Coaches. Also geben Sie alles, um das Bindungssystem, das Urvertrauen und die Zuversicht Ihres neuen Lebensabschnittsgefährten auf vier zuckersüßen Pfoten zu stärken und wieder aufzubauen.

VERANTWORTUNG DER LIEBE

Seien Sie sich dessen bewusst, und seien Sie sich sicher, dass im linearen Denken des Hundekindes auch die besten Argumente, wie schön es doch bei Ihnen ist, und dass alles wieder gut wird, nicht ziehen. Es hat Heimweh, es trauert, es ist allein. Nun sind Sie gefragt, dieser Situation einen watteweichen und sicheren Raum zu bieten, das Baby zu trösten, zu wärmen und zu schützen. Lassen Sie das Hundekind weder unbeaufsichtigt noch allein. Nie. Nehmen Sie es auf den Arm, wo immer der Eindruck entsteht, dass Körperkontakt hilft. Vermeiden Sie Kontakte zu übergriffigen Menschen, vor allem aber vor übergriffigen Hunden und schaffen Sie Ihrem vierbeinigen Schützling sichere Komfortzonen.

DIE REISE NACH HAUSE

Es ist für alle Beteiligten ein Abenteuer. Ihren Zeitpunkt, um den kleinen Hund abzuholen, sollten Sie gut vorbereiten. Fahren Sie, wenn möglich, nicht allein. Im besten Fall lassen Sie sich fahren, sodass Sie die Möglichkeit haben, mit dem Baby in einer Transportbox, die mit einer dem Hundekind bekannten Decke ausgerüstet ist, auf der Rückbank Ihres Autos zu sitzen, eine Hand hineinzuhalten und dem Kleinen ununterbrochen gut zuzureden. Bedenken Sie, dass manche Hundekinder das Autofahren noch nicht vertragen und seien Sie mit ausreichend Handtüchern und Küchenrolle ausgerüstet.

Echte Zuneigung und positive Energie sind die Grundlagen einer tollen Freundschaft.

Ob in einem Tragerucksack oder einer Transportbox, es geht immer um Sicherheit für den Schützling.

TRANSPORTSICHERHEIT

Laut Gesetz sind Sie dazu verpflichtet, den kleinen Hund in einer Box zu transportieren. Hunde, egal wie süß und niedlich sie sind, gelten als Transportgut, und Transportgut muss entsprechend gesichert sein. Und ehrlich, das macht auch Sinn. Denn stellen Sie sich einmal vor, jemand würde einen Auffahrunfall verursachen, Sie müssten das Auto verlassen und Ihr kleiner Hund würde orientierungslos durch den Verkehr laufen. Sie wären nicht nur für alle dadurch entstehenden Schäden haftbar, sondern auch Ihres Lebens nicht mehr froh. Zudem sollte Ihr Schützling bereits mit einem gut sitzenden Halsband und einer Leine gesichert sein, auch wenn er dies noch nicht kennt. Sicher ist sicher.

Endlich zu Hause

Nun haben Sie ihn in Ihrem Arm und tragen ihn rein, in sein neues Heim. Die kleinen Hundeaugen sind riesig, er kennt noch nichts, er verlässt sich auf sein Urvertrauen (siehe Seite 36). Bei manchen Hunden ist dies riesig, bei anderen nahezu verkümmert. Es beinhaltet Neugierde, Mut und die Fähigkeit, auch schwierige Situationen zu überstehen. Zudem gibt es noch das Urmisstrauen (siehe Seite 36). Auch das ist sinnvoll, denn es schützt den kleinen Tollpatsch vor Risiken und gefährlichen Situationen. Das Urvertrauen wollen wir stärken und darauf eine stabile Beziehung aufbauen. Dem Urmisstrauen begegnen wir damit, dass wir die Verantwortung für die Sicherheit des Hundes übernehmen und ihn aktiv vor schwierigen Situationen beschützen. Achten Sie darauf, dass Ihr Hund sich immer in einem geschützten Raum aufhält, dass bedeutet, dass er entweder in einem sicheren Raum ist, aus dem er nicht entkommen kann, oder er sich bereits an einer Leine befindet. Ihr Hund ist nun erstens reizüberflutet und zweitens kann es sein, dass er seine Mama sucht. Er hat weder Bindung zu Ihnen noch zu dem neuen Ort, dafür aber alle Taschen voller Heimweh. Fluten Sie ihn mit Liebe, mit Nestwärme, betreiben Sie aktiv Brutpflege. Und genießen Sie das Lachen, das Ihr kleiner Hund Ihnen schon bald dafür schenken wird.

Bindung und Schutz

Schauen wir es den Tieren ab, wie sie das Bindungssystem entwickeln. Eine Stute, ein Mutterschaf, genauso wie eine Hündin verbringen mit der Bindungsarbeit unfassbar viel Zeit. Es gibt verschiedene Tools, die sie anwenden, die wir einfach nur kopieren müssen.

WELPEN WOLLEN DEN HERZSCHLAG SPÜREN

Das erste und wichtigste ist Kontakt. Körperkontakt, also Streicheln, Liebkosen, Ausmassieren der Nasalfalte, des Köpfchens, des Körpers. Das Spüren von Wärme und Herzschlag sind sehr wichtige, bereits auch wissenschaftlich erwiesene Bausteine, um das Bindungssystem aufzubauen. Den Hund auf dem Schoß, auf dem Sofa oder sogar mit ins Bett zu nehmen, um ihm Körperkontakt zu gewähren, ihn den Herzschlag spüren zu lassen, ist in der Tat in der ersten Zeit ein wichtiger Schlüssel, um das Bindungssystem zu stärken und somit auch das Bedrohungssystem in dem kleinen Organismus zu beruhigen. Jeder Organismus ist mit diesen zwei Systemen ausgestattet. Dem Bindungs- und dem Bedrohungssystem. Auch Sie sind so konstruiert. Rein neurobiologisch ist ausschließlich das Bindungssystem in der Lage, das Bedrohungssystem zu beruhigen. Das bedeutet so viel wie: Je mehr Sie sich zu Hause fühlen, je mehr Geborgenheit Sie erfahren, um so stressbelastbarer sind Sie. Ich denke, das kann absolut jeder aus eigener Erfahrung nachvollziehen. Also, schützen, wärmen und stärken Sie Ihren kleinen Hund. Keine Angst, Ihr Hund muss deswegen nicht immer in Ihrem Bett übernachten, später kann er getrost in einem Körbchen vor Ihrem Bett schlafen. Nur in der ersten Zeit, wenn er maximalen Schutz braucht, in dieser Zeit sollten Sie sich nicht scheuen, wenn es für Sie möglich ist. Auch unsere Hofhüter, Schutzhunde, Hütehunde und Herdenschutzhunde erfahren diese Clanbildungsmaßnahmen, weil sie es als Hundekind brauchen.

Gemeinsame Komfortzonen gehören zum Fundament einer Freundschaft.

Zum Bindungstraining gehören sowohl Körperkontakt als auch gemeinsames Spiel. Lassen Sie sich in diesen Momenten ganz auf Ihr Hundekind ein.

Bindungsarbeit und der Schlüssel zum Glück

Beobachten Sie Ihren kleinen Schützling. Auch Ihr Hund betreibt Bindungsarbeit! Häufig nehmen Menschen das allerdings gar nicht wahr. Achten Sie darauf, lernen Sie sein räumliches und leibliches Ausdrucksverhalten zu erkennen und lernen Sie genau darauf einzugehen. In diesem Buch werden wir gemeinsam sehr häufig auf das Ausdrucksverhalten Ihres Hundes eingehen und hier fangen wir bereits mit den ersten Gehversuchen in diese richtige Richtung an. Jedes Mal, wenn er Sie anblickt, Ihre Nähe sucht, immer, wenn er von sich aus Kontakt aufbaut, nehmen Sie es wie ein Kompliment an und geben ihm unmittelbar ein positives Feedback. Knien Sie sich hin, reden Sie sanft, weich und leise, wie eine kleine Liebeserklärung, und streicheln Sie ihm sein Gesicht, langsam und warm. Lassen Sie sich Zeit für diese innigen und herzerwärmenden Momente. Nehmen Sie es an, wie einen Strauß Gänseblümchen von einem kleinen Kind, und spiegeln Sie es voller Wärme zurück. Dann wird auch Ihr kleiner Hund nie damit aufhören, Ihnen Komplimente zu machen. Es ist Bindungsarbeit. Und diese kleinen Rituale brauchen etwas Zeit und eine warme Intensität. Bindungsarbeit ist die Basis einer Beziehung, die Basis des Vertrauens und der Nährboden einer echten Liebe. Ich werde Ihnen mit Bindungsarbeit sehr regelmäßig begegnen. Denn gerade, aber nicht nur im ersten Lebensjahr ist Bindungstraining elementar. Auf sie baut die gesamte Ausbildung, die Beziehung und Verbindlichkeit auf. Und nun können Sie, liebe Leser, mit Händen voller weichem Fell direkt damit beginnen.

VOM MAGEN ÜBERS HERZ BIS ZUM HIRN

Die erste Orientierungshilfe

Der Lockruf

Ihr Hundekind hat mit seinen acht Wochen die kognitiven Fähigkeiten eines etwa zweijährigen Menschenkindes. Es ist noch in einer kleinen wohligen Welt beheimatet, noch nicht sonderlich reizoffen und der kleine Organismus orientiert sich nach zwei lebensnotwendigen Quellen: Wärme und Nahrung. Es ist die Zeit, in der der Magen noch größer ist als das Hirn und auch deutlich mehr zu sagen hat. Sie brauchen Ihrem Schützling in dieser Zeit noch nichts beibringen zu wollen. Denken Sie nicht an Sitz, Platz, Fuß, vergessen Sie, was er lernen soll. Unterstützen Sie ihn ausschließlich in Hinblick auf die räumliche Orientierung und begleiten Sie ihn wohlwollend. In dieser Zeit sollten Sie mit einem klassisch konditionierten Lockruf arbeiten, wie zum Beispiel „Puppie, Puppie, Puppie". Diesen Singsang lassen Sie jedes Mal ertönen, wenn Sie ihm sein Futter anbieten, und auch andersherum wird ein Schuh draus: Jedes Mal, wenn Sie ihn locken, bieten Sie ihm Futter an, ein paar Bröckchen aus der Hand. In dieser ersten Zeit bedienen wir alle Bindungstricks, die die Mutter Natur vorgesehen hat. Und dazu gehört auch Nahrung. Und Liebe geht ja bekanntlich auch durch den Magen. Dieser konditionierte Lockruf wird später nicht mehr gebraucht, benutzen Sie ihn nun erst einmal in dieser neuen Zeit und geben Sie Ihrem kleinen Hund damit eine sichere und positive Orientierung. Mit seinem Namen kann der kleine Hund noch nichts anfangen, den muss er in nächster Zeit erst noch erlernen.

Mit dem Lockruf „Puppie" und etwas Handfütterung bekommt der Zwerg die erste Orientierung.

Von Darmflora bis Speiseplan

So wie der Lockruf den Magen anspricht, so wichtig ist das Thema Ernährung generell. Natürlicherweise haben die Hundekinder in diesem Alter bereits erst eine Futterumstellung erfahren, von Muttermilch auf feste Nahrung. Die Darmflora ist ein empfindliches Gebilde und muss sorgfältig aufgebaut werden. Zudem wird sie durch Parasiten permanent bedroht. Hierzu finden Sie mehr unter der Überschrift „Medizinisches". Je sicherer Sie die Darmflora erhalten und nach und nach auch mit anderen Nahrungsmitteln kompatibel machen, umso gesünder wächst Ihr Hundekind auf. In dieser ersten Zeit ist es nicht ratsam, zusätzlich zu dem Umzug in das neue Heim auch noch mit allerlei unterschiedlichen Leckerbissen zu hantieren, die den Darm Ihres Schützlings Purzelbaum schlagen lassen. Bleiben Sie konsequent erst einmal bei dem Futter, auch als Lockmittel, das der junge Hund vom Züchter kennt. Geben Sie Ihrem Hund zwei bis drei Wochen Zeit, beobachten und kontrollieren Sie jeden Tag den Stuhlgang auf seine Häufigkeit und Konsistenz und probieren Sie im besten Fall nichts Neues aus. Ihr Hund lebt, so hoffen wir, mindestens eineinhalb Jahrzehnte an Ihrer Seite und Sie bekommen gewiss die Möglichkeit, sich zum Chefkoch und zum Futtermeister zu entwickeln. Nur in dieser ersten Zeit könnte das eine große Überforderung für den kleinen Organismus bedeuten. Jeder Züchter hat eigene Vorstellungen von der Welpenernährung und gibt sich unterschiedlich viel Mühe. Bei unseren eigenen Welpen haben wir vom ersten Tag eine Mischung aus hochwertigem Welpenfutter, rohem Lammhack und etwas Quark angeboten und somit schon eine etwas breitere

Lieblingsrituale: die täglichen Mahlzeiten

Mit der Zeit wird der Speiseplan behutsam erweitert. Ich beginne mit Quark und Lammhack.

und belastbarere Darmflora angelegt. Zudem haben unsere Welpen schon von Anfang an die Möglichkeit bekommen, an Knochen zu nagen und auch kleingeschnittene Innereien zu fressen. Sie bekamen zusätzlich schon Möhre und Apfel angeboten sowie etwas Öl im Futter. Der Kot dieser Welpen war immer dunkel und glänzend fest. Hat Ihr Welpe diesen Start nicht bekommen, dann bleiben Sie bei dem, was er kennt, und gestalten erst nach einigen Wochen der Eingewöhnung den Speiseplan in Richtung Vielfalt um. Bitte bedenken Sie, dass Sie immer nur eine Variable verändern, indem Sie z. B. einen Teelöffel Quark hinzugeben und erst einmal schauen, was der Darm damit anstellt. Hat er das gut verarbeitet, dann suchen Sie sich die nächste Variable. Gerade mit rohem Fleisch sollte man langsam starten. Hier empfehle ich, sich Gehacktes vom Lamm oder Rind zu besorgen, und es in Eiswürfelformen einzufrieren. So kann man sich jeden Tag einen Eiswürfel Hack auftauen und frisch unter das Futter mischen. Erst, wenn der Darm sein Okay gibt, können Sie die Menge nach und nach erhöhen.

Manche Welpen sind sehr darmempfindlich, andere haben nie Probleme. Man weiß es vorher nicht genau und muss auf seinen Hund individuell eingehen. Auf jeden Fall gilt aber die Regel:

**GESUNDER DARM,
GESUNDER HUND.**

Und Ihr Ziel sollte es sein, einen unkomplizierten Allesfresser bestmöglich und vielseitig zu ernähren.

Praktisch ist es, wenn Sie immer bereits am Abend eine verschließbare Dose mit Welpenfutter und Wasser einweichen, es über Nacht im Kühlschrank ziehen lassen und am nächsten Tag die jeweiligen Mahlzeiten mit warmem Wasser aufgießen, damit Ihr kleiner Freund stets eine warme Mahlzeit und vor allem genügend Flüssigkeit zu sich nehmen kann.

Anzahl der Mahlzeiten

Bei den meisten kleinen und auch mittelgroßen Hunden reichen in der Regel drei Mahlzeiten am Tag, wobei das Abendbrot gern vor 18 Uhr gegeben werden sollte, damit der Darm sich vor der Nachtruhe noch einmal leeren kann. Bei Hundekindern großer Rassen ist es ratsam, auf vier Mahlzeiten zu gehen. So wäre das Frühstück um 7:00 Uhr, dann gibt es Mittag um 11:00 Uhr, eine Zwischenmahlzeit um 14:00 Uhr und Abendessen um 18:00 Uhr. Es ist klug, diese Zeiten ungefähr pünktlich einzuhalten, damit unser kleiner Freund sich gut darauf einstellen kann. Machen Sie sich selbst einen Speiseplan für Ihren Schützling, und werden Sie auf diese Weise der Manager von seinem Ein- und Ausgang.

DIE ERSTEN TAGE

Willkommen im Herzen

Es ist eine Marktlücke und ich wundere mich, dass sie noch nicht erfasst worden ist: Der Geruch eines kleinen Hundes hinter den Ohren oder eines Pferdes an der Nüster würde als Parfüm nicht nur den weiblichen Markt erobern. Ich kenne auch genügend Männer, die diesem Duft unweigerlich erlegen sind. Und bitte, nichts hält Sie davon ab, Ihre Nase immer wieder in das weiche Fell zu stecken, sich eine Brise zu nehmen und den kleinen Hund mit Liebkosungen zu fluten. Auch das ausgiebige Ausmassieren des Babybauches, der Welpenohren, der winzigen Füße sollte Ihren Tag bestimmen. In einer Hundefamilie gehören diese sozialen Fellpflegemaßnahmen zur Tagesordnung. Es stärkt die Vertrautheit, und somit den Zusammenhalt und das Bindungssystem.

Welpen schlafen viele Stunden am Tag, sie sollten die Möglichkeit dazu bekommen.

Keine schlafenden Hunde wecken

Sorgen Sie für geregelte Ruhezeiten und wenn Ihr Baby eingeschlafen ist, dann behüten Sie seinen Schlaf. Bleiben Sie in seiner Nähe und warten Sie, bis er von allein wieder aufwacht. Die Schlafphasen regulieren den Geist und das Wachstum. Gerade in der ersten Zeit ist Schlaf oft das, was als natürlicher Schutzmechanismus den kleinen Dingern hilft, den Transfer zu verkraften.
Zeigen Sie ihm einen überschaubaren Teil seiner neuen Welt, wie die Küche, das Schlafzimmer, den Garten. Versuchen Sie ihn immer wieder zu kleinen Interaktionen zu motivieren und geben Sie ihm viel Zeit in einem geschützten Raum zum Ruhen und Schlafen. Nehmen Sie ihn mit auf Ihr Sofa, wenn Sie ruhen wollen, oder krabbeln Sie mit in sein Hundebett und bieten ihm eine liebvolle Ruhe an. Bringen Sie ihn immer nach dem

DO

- Streicheln und liebkosen Sie Ihren Hund, wann immer es geht.
- Tragen Sie ihn die Treppen hoch und wieder runter, diese kann und sollte er noch gar nicht so viel klettern.
- Sorgen Sie für geregelte Ruhezeiten und behüten Sie seinen Schlaf.
- Zeigen Sie ihm einen überschaubaren Teil seiner neuen Welt.
- Motivieren Sie ihn immer wieder zu kleinen Interaktionen.
- Bringen Sie ihn nach dem Schlafen sofort in den Garten und lassen ihn dort sein Geschäft verrichten.

DON'T

- Ihr Hund braucht jetzt keinen Kindergeburtstag, keine Ausflüge und er muss auch nicht allen Nachbarn Hallo sagen. Das hat noch Zeit.
- Lassen Sie ihn nicht allein oder unbeaufsichtigt. Ihr Hund soll sich weder allein fühlen noch Gelegenheit für Unfug bekommen.

- Lassen Sie ihn noch nicht frei und ohne Leine laufen. Er braucht noch den sicheren Rahmen der Leine.
- Füttern Sie ihm keine fremden und ungewohnten Nahrungsmittel in der ersten Zeit.
- Lassen Sie ihn nicht länger unbeaufsichtigt in einer Box. Eine Box ist kein Aufenthaltsort für einen Hund sondern nur eine sichere Verwahrung während des Transportes.

Schlafen sofort in den Garten an eine Stelle, die Sie als Toilette freigeben, und lassen ihn dort sein Geschäft verrichten. Und während er sich löst, sagen Sie ganz beiläufig zum Beispiel: „Geh pinkeln“ dazu. So prägt sich ein Signal direkt mit dem Vorgang ein, welches später unfassbar nützlich ist.

Das Schlafpensum ist individuell verschieden, es hängt sehr vom Charakter, vom inneren Motor und auch von der individuellen Entwicklungsphase ab. In der 8.–10. Woche legen die jungen Hunde noch nicht sonderlich an Wachstum zu. Aber die Eindrücke, die auf den kleinen, zarten Geist einprasseln, lassen den Hund erschöpfen. Es gibt Welpen, die wollen 20 Stunden am Tag schlafen. Keine Sorge, auch das werden agile, fitte Hunde. Dennoch gehen Sie bitte unbedingt auf das Schlafbedürfnis ein und sorgen Sie immer wieder für geregelte Ruhephasen.

NICHT ALLEIN LASSEN

Kommen wir zu den Don'ts in dieser Zeit. Für den Hund gibt es noch wenig Regulativ, dafür aber für Sie. Vermeiden Sie es, den jungen Hund allein zu lassen. Das ist das erste und wichtigste Dont. Hunde sind nicht dafür gemacht, allein zu sein und müssen das erst lernen. Und dann sollten Sie auch vermeiden, Ihr Hundekind unbeaufsichtigt zu lassen. Sie haben jetzt fast so viel zu tun, wie mit einem zweijährigen Menschenkind, das eine unfassbare Freude in das Leben bringt, aber auch eine neue Dimension der Fürsorge. Wenn sie nicht gerade schlafen, dann halten sie einen auf Trab.

Geduld

Üben Sie sich in Geduld. Was so viel heißt wie: Ihr Hundebaby kann schon mal Fehler machen, Pipi machen, etwas annagen, Unruhe in Ihr geordnetes Leben bringen. Das gehört dazu. Die Stubenreinheit lernt der kleine Vierbeiner nicht durch Tadeln, das würde nur das Bindungssystem zerstören, sondern dadurch, dass Sie wachsam sind und wissen, dass ein aufwachender Hund null Komma null Zeit hat, um zur Toilette zu ge-

hen und zu warten, bis Sie zu Ende telefoniert haben oder Ihre Schuhe geschnürt sind. Wenn er muss, dann muss er. Und das geht schnell. Also gleich auf den Arm nehmen, raustragen und tüchtig loben, wenn Ihr zwei das geschafft habt.
Wenn Sie nicht wollen, dass Ihr Hundekind Ihre Puschen anfrisst, dann stellen Sie Ihre Pantoffeln in den Schrank. Vermeiden Sie Fehler, vermeiden Sie schwierige Situationen und führen Sie Ihren kleinen Schützling nicht unnötig in Versuchung. Noch können wir den kleinen Kerl nicht klar orientieren oder regulieren. Der Anfang ist immer ein reines Beschützen, Lenken und Vermeiden.

Kleine Rituale und das große Management

So ist es das Management in dieser Zeit, das dafür sorgt, dass das Urvertrauen Ihres Hundes Wurzeln schlägt. Junge Hunde müssen Dinge ausprobieren und sie müssen auch Fehler machen dürfen. Nur dadurch ist Lernen möglich. Dennoch brauchen sowohl Sie als auch Ihr kleines Hundekind die Möglichkeit von sicheren Räumen. Es ist der Teil, der zu Beginn der neuen Partnerschaft am schwierigsten scheint. Nun haben Sie Ihr Hundebaby in einer Transportbox im Auto nach Hause gefahren. Und genau diese Transportbox, die groß und geräumig sein sollte, können wir in die Küche stellen und als das Esszimmer unseres neuen Schützlings einrichten. Jede Mahlzeit, später auch jeden Knochen, wird unser kleiner Freund in dieser Box zu sich nehmen. Zuerst können Sie die Tür offen lassen und bei ihm bleiben. Bald schon werden Sie merken, dass Sie die Türe auch schließen können und Ihr Welpe nach dem Fressen einschlafen und ruhen wird.

In die Box

Es ist ein sinnvolles Ritual, den kleinen Hund in einem Kennel zu füttern. Er lernt so, in Ruhe und ungestört zu fressen und den Kennel als sicheren, leckeren Ort kennen.

Sinnvolle Ausrüstung: ein breites, gut angepasstes Halsband und eine Leine ohne Ringe und Haken.

Bitte bleiben Sie in seiner Nähe, auch wenn er in der Box gesichert ist. Sollte er aufwachen, dann muss er raus, und er sollte sich nicht erschrecken, dass er plötzlich allein ist. Bitte bedenken Sie, dass es in diesem Training ausschließlich um eine Gewöhnung an die Transportbox geht und sie keinesfalls ein Aufenthaltsort für Ihren Hund sein darf. Sie ist viel zu klein, der Hund kann sich darin nicht artgerecht bewegen und seinen Bedürfnissen nachgehen. Außer beim Transport oder bei einer Erkrankung ds Hundes, die eine Ruhigstellung erfordert, darf laut Deutschem Tierschutzgesetz die Box daher nicht verschlossen sein.
Mit einem sinnvollen Boxentraining lernt Ihr Hund ganz beiläufig, dass die Box ein sicherer Ort ist und wird so klug auf Autofahrten vorbereitet. Wiederkehrende Rituale sind von großer Bedeutung. Bekanntes gibt ihm Sicherheit.

Halsband und Leine

Legen Sie Ihrem Hundekind gleich am ersten Tag ein Halsband an, das breit und weich ist und eng genug anliegt. Nehmen Sie das Halsband erst einmal nicht ab, auch wenn Ihr Baby sich die ganze Zeit hinhockt und daran kratzt. Je schneller es geduldet wird, umso besser. Und an diesem Halsband befestigen Sie eine 1,20 m lange leichte Hausleine. So können Sie Ihr Baby stoppen, lenken und lotsen, es sanft begrenzen und ihm sicheren Halt geben. Auch wenn junge Hunde schnell einen Hang zur freien Folge haben, sollten Sie Ihren Hund außerhalb Ihres Hauses immer an dieser Leine führen. Je schneller er sich damit abfindet, dass die Leine eine sichere Verbindung zu Ihnen darstellt, umso schneller lernt er, später auf Sie zuverlässig zu reagieren und bekommt seine ganze Freiheit wieder zurück. Es ist einer der häufigsten Fehler, den Menschen machen. Sie lassen den noch nicht lenkbaren Hund erst einmal frei. Aber er hat weder Orientierung noch hat er gelernt zu hören. Was er aber hat, ist Neugierde und den Drang, die Welt zu erkunden. Ohne Leine sind Sie wahrscheinlich auch einem acht Wochen alten davonsausenden Hundekind, was die Geschwindigkeit angeht, unterlegen.

ÜBUNG

WARTEN LERNEN

Die erste praktische Übung in dieser Zeit ist die Akzeptanz der Leine und auch, dass Sie Ihren kleinen Wicht ab und zu für einen kleinen Moment anbinden können. Es ist wichtig, dass Sie in Ruhe am PC, in der Küche oder im Garten Ihre Arbeit verrichten können, ohne dass Ihr Schützling auf Abwege gerät oder Ihre Konzentration ständig stört. Auf diese Weise lernt er früh, dass er auch einmal warten kann. Setzen Sie sich auf die Leine, wenn Sie am Schreibtisch oder am Esstisch sind, legen Sie sein Körbchen zu Ihren Füßen und bieten Sie ihm etwas zum Nagen an. Auf diese Weise lernen alle Hundekinder einfach zu ruhen und zu warten.

ÜBUNG

RAUM SICHERN

Und so beginnen wir mit dem ersten sinnvollen Ritual. Sie rufen Ihr Baby mit „Puppie, Puppie, Puppie“, streicheln und liebkosen es, danach lassen Sie es etwas kauen und nehmen es an die Leine. Bitte beachten Sie: erst streicheln, dann füttern. So verhindern Sie, dass Ihr kleiner Welpe nur auf die Taschen und Hände starrt und der Liebkosung versucht auszuweichen, damit die Lohnverhandlungen beginnen. Versuchen Sie, diese

Leine nicht zu verlängern, wenn das Baby daran zieht, Sie ziehen aber auch nicht zurück. Sie lernen jetzt, den Raum, den die Leine beschreibt, zu sichern. Damit Sie das Zuhause Ihres Hundes werden können, braucht es um dieses Zuhause eine sichere Grenze. Nun kann es passieren, dass Ihr Zwerg sich auf seinen Welpenhintern setzt und gar nicht mehr laufen möchte. Dann halten Sie an, sichern den Raum, also halten die Leine in leichter Spannung, hocken sich hin und locken den Zwerg mit einem Mut machenden „Puppie, Puppie, Puppie" aus der Misere heraus. Bei Ihnen angekommen, können Sie erst einmal ein kleines Spielchen wagen, den Hund streicheln und loben, und wenn Sie merken, dass er wirklich nicht mehr weiterlaufen möchte, können Sie ihn auch getrost auf den Arm nehmen und den Rest der kurzen Wegstrecke tragen. Bleiben Sie in den ersten ein bis zwei Wochen ruhig nur in Ihrem gewohnten und sicheren Ambiente. Ihr Hund braucht noch keine Spaziergänge. Es geht in dieser Zeit vielmehr darum, ihn mit Situationen wie der Begrenzung durch die Leine vertraut zu machen. Diese leichte Leine ohne Ösen, Schlaufen und Schnallen, an seinem Halsband befestigt, kann er im Haus und Garten einfach hinter sich herziehen. Auf diese Weise kommen Sie schneller an ihn heran, können ihn begrenzen und er kann sich ganz sanft daran gewöhnen, dass es von nun an diese Sicherung gibt. Die Leine wird in diesem ersten Jahr für Sie und Ihren Hund ein elementares Hilfsmittel sein. Dennoch geht es in dieser ersten Zeit vornehmlich darum, den kleinen Hund daran zu gewöhnen, sein Einverständnis zu holen, und selbst ein gutes Gefühl zu bekommen, ohne Kraft einzusetzen.

5 Tipps für den Alltag

1. Investieren Sie so viel Zeit wie möglich in die Bindungsarbeit.
2. Bieten Sie Ihrem Welpen immer einen geschützen Raum und einen sicheren Rahmen. Dabei unterstützt Sie die Leine.
3. Üben Sie den konditionierten Lockruf beim Füttern und immer wieder mal zwischendurch.
4. Achten Sie auf ritualisierte Tagesabläufe, pünktliche Mahlzeiten und ausreichend Ruhezeiten.
5. Arbeiten Sie gleichmäßig an der Habituation und Sozialisation, doch überfrachten Sie Ihr Hundekind nicht.

Schutz, Sicherheit und Bindungstraining sowie der sichere Rahmen der Leine sind der Anfang einer vertrauensvollen Partnerschaft.

Die Gewöhnung an belebte und unbelebte Umweltreize …

… brauchen Zeit, Geduld und ein positives Konzept.

Es ist wichtig, dass Nähe jederzeit gegen Distanz getauscht werden kann.

Habituation und Sozialisation

Es ist die Gewöhnung an die neuen Gerüche, die fremden Menschen, das andere Ambiente. Das Sich-damit-Abfinden, dass da ein Halsband und eine Leine an einem befestigt werden und das Erleben, dass diese Menschen einfach wunderbar fürsorglich und lieb zu ihm sind. Dennoch geschieht viel mehr in Ihrem kleinen Hund. Und dieses Vielmehr sollten Sie sorgfältig gestalten. Man nennt es Sozialisation (Gewöhnung an belebte Umweltreize) und Habituation (Gewöhnung an unbelebte Umweltreize), die Sie nun mit viel Gefühl, aber zielstrebig erarbeiten sollten. So hilft es, auch wenn Sie es vielleicht sonst nicht gewohnt sind, einfach mal das Radio oder den Fernseher laufen zu lassen, es macht Sinn, dass Ihnen immer wieder mal etwas runterfällt, was ein Geräusch verursacht, dass Sie lachen und Geräusche von sich geben, staubsaugen, den Mixer laufen lassen und Stühle verrücken. All das können Sie, einfach und immer der Belastbarkeit Ihres Hundebabys angemessen, anbieten. Bei all dem ist es wichtig, dass Ihr Welpe sich nicht davor erschrecken soll, sondern Zeit und Zuspruch bekommt, um sich mit den Reizen auseinanderzusetzen.

DER STAUBSAUGER UND DAS LIEBE VIEH

Die belebten Umweltreize sind für manche Menschen schwieriger zu erarbeiten. Hier geht es um Artenvielfalt, Kuh, Katze, Maus sowie um Kontakte zu fremden Menschen und anderen Hunden. Achten Sie darauf, dass Sie immer erst einen neuen Reiz anbieten, wenn der bisherige als normal verarbeitet worden ist. Und hier sehen Sie, dass Sie Ihrem Hundekind nicht gleich zu Beginn die ganze Welt erklären müssen, vielmehr geht es darum, dass Sie gemeinsam mit ihm kleine, überschaubare Begegnungen erfahren und diese grundsätzlich managen können.

ÜBUNG

BEGEGNUNGEN

Begegnet Ihr Hund z. B. Nachbars Katze, dann halten Sie ihn an der Leine, hocken sich hin und lassen Ihren Hund vorsichtig Kontakt zu der möglicherweise freundlichen und ebenso neugierigen Katze herstellen. Streicheln Sie die Katze ebenso wie Ihren Hund, sichern aber den Raum mit der Leine. Und dann locken Sie den Hund mit „Puppie, Puppie, Puppie" aus der Situation und sorgen wieder für räumliche Distanz. Es kann bei tapsigen Hundekindern für eine Katze schnell zu eng werden und diese könnte dann entweder mit Flucht oder Aggression reagieren. Beides wäre ungut. Deswegen deeskalieren wir jede Situation sehr bald dadurch, indem der kleine Hund lernt, Raum zu geben und gleichzeitig die Orientierung zu Ihnen stabiler wird. Es ist ein Grundsatz im Coaching junger Hunde, dass sie den Hin- und den Rückweg erlernen. Dasselbe gilt für Hundebegegnungen und auch für zweibeinige Besucher. Lassen Sie es nicht darauf ankommen, dass sich etwas von alleine regelt. Das ist häufig der Grundstein für einen späteren Kontrollverlust.

SIE SIND DER BODYGUARD

Bitte beachten Sie, dass Ihr Hundekind keinen Welpenschutz bei fremden Hunden hat. Eher stellt er für andere Hunde leicht zu erlegende Beute dar. Nicht jeder Hund ist sozial geprägt, gut kontrollierbar und freundlich. Schützen Sie Ihren Welpen bitte vor Übergriffigkeiten. Er kann Gefahren weder überblicken noch verwalten. Und wenn ein „Der tut nichts“ auf Sie zugestürmt kommt, dann nehmen Sie Ihren Schützling schnellstens auf den Arm und bringen ihn in Sicherheit. Soziale Kompetenz lernen Hunde von sozial kompetenten Hunden, nicht von Straßenrowdys. Vermeiden Sie Kontakte mit fremden Hunden und schaffen Sie Ihrem kleinen Gefährten lieber einen Freundeskreis mit Fell, bestehend aus netten und sozial kompatiblen Hunden, mit denen Sie sich regelmäßig treffen.

URVERTRAUEN, URMISSTRAUEN

Beleuchten wir noch einmal die beiden Grundbausteine Ihres Welpen, denn diese richtig zu coachen ist in dieser Zeit von enormer Bedeutung. Wie eine zarte Pflanze ist es, das Urvertrauen. Und Ihr Hundekind legt es mit seinen dicken Pfoten vorsichtig in Ihre Hände. Nehmen Sie es an und schützen, pflegen und bestätigen Sie es, damit es der Nährboden für einen gelassenen, selbstbewussten und angeschlossenen Gefährten an Ihrer Seite wird. Jedes junge Wesen hat beides in sich vereint: Das Urvertrauen, das den Lebensmotor antreibt und eine überlebenstüchtige Zuversicht in jeder Kreatur innehat. Dieses Urvertrauen ist dafür zuständig, dass das Neugeborene sich nach der anstrengenden Reise auf diese Welt in Bewegung setzt und nach Wärme, Schutz und Nahrung sucht. Bei manchen ist es riesengroß und unumstößlich und bei anderen wiederum nur in homöopathischer Dosis vorhanden. Der direkte Nachbar des Urvertrauens ist das Urmisstrauen. Auch das ist lebensnotwendig und gehört zu dem Grundbausatz einer jeden Kreatur. Es schützt den kleinen Tollpatsch vor allzu waghalsigen Abenteuern und ist wie der Wächter über

Voller Vertrauen schließen sich Welpen souveränen und gelassenen Menschen und Hunden an.

Nähe, Spiel und liebevoller Kontakt sind die Zutaten zum Glück. Gehen Sie großzügig damit um und geben Sie ihm ein promptes Feedback.

Sicherheit und Schutz. Es ist gut, wenn beides auch in Ihrem Hundekind vorhanden ist, dann hat es die Vollausstattung. Ihre Aufgabe als Partner, Erziehungsberechtigter und Coach ist es, das Urvertrauen zu stärken und dem Urmisstrauen keinen Grund zu geben, Alarm zu schlagen. Dann haben Sie bereits einen guten Grundstein für eine gesunde Bindung gelegt.

ÜBUNG

SPIELEN

Animieren Sie Ihren kleinen Freund zum Spielen. Gerne mit oder ohne Objekt. Geben Sie ihm immer Raum, bewegen Sie sich von ihm weg, lassen Sie ihn gewinnen und bleiben Sie mit dem Hundekind während dieser Spielerei in einem kleinen Ambiente.

ÜBUNG

FREUDIGES FEEDBACK

Üben Sie, die Komplimente Ihres Hundes anzunehmen. Beobachten Sie, wann und wie häufig Ihr Hund Kontakt zu Ihnen aufbaut und jedes Mal, wenn er dies tut, geben Sie ihm ein warmes und freudiges Feedback. Jedes Mal.

ÜBUNG

RUHEN

Üben Sie das Ruhen. Nehmen Sie Ihr Baby mit aufs Sofa, wenn Sie Mittagsstunde halten. Streicheln Sie den Babybauch, genießen Sie den Duft hinter seinen Ohren. Schmatzen Sie dreimal laut und atmen laut aus. Sie werden sehen, Ihr kleines Hundekind wird es Ihnen gleichtun und dieses Ritual wird Ihre tägliche gemeinsame Portion Glück.

Medizinisches

Sie merken bereits, dass es in diesem ersten Kapitel sehr viel um Schutz, Sicherheit und Fürsorge geht. Diese kleinen Kreaturen brauchen eben in diesem Alter genau davon Unmengen. Sie haben gelernt, den Ein- und Ausgang Ihres Hundes zu beobachten und zu managen und nun kommen auch noch ein paar wenige medizinische Hinweise. Bevor Sie einen kleinen Hund zu sich nehmen, sollten Sie herausfinden, wo die nächste gute Tierarztpraxis für Sie erreichbar ist. Es gehört dazu, dass Sie sich selbst ein sicheres Umfeld schaffen und auch für den hoffentlich niemals eintretenden Notfall gerüstet sind. Diese Tierarztpraxis ist dann auch zuständig für die Beratung rund um die Endoparasitenbehandlung, wie Wurmkuren, die bei kleinen Hunden absolut notwendig und strikt einzuhalten sind, ebenso wie für die Ektoparasitenbehandlung, wie Flöhe oder Zecken, die sich gerne und schnell auf Ihrem Hundekind ansiedeln wollen, bei Impfungen ebenso wie bei der Zahnung, die im Normalfall unkompliziert verläuft, aber beobachtet werden sollte. Bei allem, was Ihnen merkwürdig vorkommt, sollten Sie Ihren Tierarzt um seinen medizinischen Rat fragen. Junge Hunde bekommen schnell einmal Durchfall oder können auch schon mal Bauchschmerzen haben. Solange die Darmflora noch nicht stabil ist, kann hier und da ein Durcheinander entstehen. Auch diese Abweichungen von der Norm können Sie in diesem Tagebuch vermerken. Das hilft ungemein, einen guten gesundheitlichen Überblick zu entwickeln.

Bitte tragen Sie alle medizinischen Vorkommnisse, das Datum der Impfung, die letzte Wurmkur mit Angabe des Medikamentes, später den Beginn der Zahnung ebenso wie die hormonelle Veränderung, in 7 – 8 Monaten auch die erste Läufigkeit und so weiter hier ein. So behalten Sie stets den Überblick.

Beim Tierarzt

Tierarztbesuche sind notwendig und sollten immer voller Vertrauen sein. Bereiten Sie Ihren Hund sorgfältig darauf vor und geben ihm zu jedem Zeitpunkt Sicherheit. Im Duldsamkeitstraining kann man diese Situation sehr gut üben.

FAQ MIT ANNE

Was mache ich, wenn mein Hund …

… immer weint?

… gar nicht allein sein kann?

… nicht auf mich reagiert?

… mir immer in die Hände beißt?

… bei jeder Begrüßung ein paar Tropfen verliert?

… alles annagt?

Auf all diese Fragen gibt es grundsätzlich eine Antwort: wohlwollende Geduld haben. Lassen Sie Ihren Hund noch nicht allein. Bei einigen Hunden kann das einige Zeit dauern, bis das Alleinsein akzeptiert wird. Und wenn Ihr Hund bei Begrüßungen ein paar Tropfen verliert, dann verlegen Sie die Begrüßung nach draußen und gestalten Sie diese ruhig, langsam und kontrolliert. Auch das geht von allein weg.

Knabbert Ihr Welpe an Ihren Händen, dann ziehen Sie diese bitte nicht weg, sondern fassen ihm langsam mit der Hand ins Mäulchen, bis er sich abwendet. Und reagiert Ihr Hund nicht auf Sie, dann bleiben Sie bei dem konditionierten Lockruf und lassen Sie immer, auch im Haus, eine Leine an dem Knirps.

Welpen, die einen großen Zerstörungsdrang haben, brauchen in der Tat sehr häufig frische Knochen, an denen sie herumnagen und sich austoben können. Das Zerstören ist bei Raubtieren ein Trick der Natur. Was sollen die kleinen Raubtiere auch sonst den lieben langen Tag über üben, solange sie noch keine Beute machen können? Sie können schon einmal lernen, diese in Einzelteile zu zerlegen. Dass dabei Ihr Teppich, Ihre Puschen oder auch das PC-Kabel als Übungsobjekt benutzt wird, ist dem kleinen Hund egal.

Vermeiden Sie, dass er unbeaufsichtigt Zugang zu gefährlichen Dingen hat, und bieten Sie ihm ausreichend tolle Alternativen. Fast jeder Welpe kostet außer dem Anschaffungspreis auch mindestens ein Paar Hausschuhe.

Notizen

Meine Erinnerungen

Vielleicht wird es die schönste Erinnerung an diese Zeit voller kleiner Wunder, in der Ihr Hundekind bei Ihnen groß wird. Vielleicht dient es aber auch als Unterstützung, um einen sachlichen und fachlich korrekten Überblick über das Wachstum, die Entwicklung sowie die Erziehung und Ausbildung zu bekommen. Sie lernen in diesem Büchlein das Ausdrucksverhalten Ihres Hundes zu erkennen und zu protokollieren, seine Vorlieben, die innere Struktur seines Charakters, seinen Witz und seine Komplimente zu notieren. Ein Tagebuch zum Hundeglück dient Ihnen auf Ihrem persönlichen Weg zur Ausbildung zum Glücksschmied.

Meine To-dos

Meine Trainingsziele

Meine Fragen

„Glück ist, was Angst vertreibt und inneren Frieden schenkt."

Albert Einstein

Ausblick für die 16. bis 24. Woche

- Das Wachstum des Hundes geht rasant voran. Sie sind in sieben bis acht Monaten mit ihrem Größenwachstum fertig.
- Das bedeutet Zahnwechsel, Wachstumsschmerzen, Fellwechsel und Fruchtbarkeit.
- Genießen Sie jeden Tag.
- Zügeln Sie Ihren Ehrgeiz.
- Widmen Sie Ihre Energie dem Bindungsaufbau.
- Lassen Sie Ihren Hund überwiegend an der Leine und geben Sie ihm einen stabilen Rahmen.
- Konzentrieren Sie sich auf den Dialog.

Aus dem Nähkästchen

WHISKEY

„Adopt me" stand in der Instagram-Story und zu sehen war ein Punkt-Punkt-Komma-Strich-Gesicht mit großen Seehundaugen. Ich kann Ihnen beim besten Willen nicht sagen warum, aber ich habe „Ja" gesagt. Ich brauchte nicht noch einen Hund, wir hatten genügend. Dennoch entschied mein Herz, ohne meinen Kopf um Rat zu fragen, dass dieser Havaneser-Malteser-Mischling bei uns einzog und auf den Namen Whiskey getauft wurde.

Jobprofil Herzenshund, Therapiebegleithund, Showpartner in unserem Showprogramm.

Die Reise und die ersten Tage Er war von Anfang an absolut unkompliziert. Kein Jammern, kein Winseln. Er orientierte sich gut an uns und wir waren ihm schnell seine vertrauten Menschen. Er lässt sich über den Lockruf schnell orientieren und helfen. Er hat gegen nichts eine Abneigung und wenig inneren Widerstand. Frisst gut und macht ebenso gute Haufen. Er ist bindungsoffen und es scheint, als würde er gerne lachen. Ein kleiner Witzbold mit weißem Plüsch.

Ausdrucksverhalten Wedelt sehr häufig, kontaktfreudig, sozial sehr aktiv, neugierig. Sucht viel Körperkontakt. Kann nach jeder Mahlzeit entspannt schlafen. Er spielt gerne.

Unsere Schwierigkeiten Er mag nicht allein sein. Er fängt sofort an zu bellen und zu protestieren. Er zerfrisst gerne meine Schuhe und probiert seine Milchzähne überall aus. Er gibt sich keine Mühe mit der Stubenreinheit.

Sozialverhalten Er wird aber von den anderen Hunden hier exzellent aufgenommen. Mit meinem Hunderucksack kann ich ihn immer und überall mit hinnehmen. Das ist so unendlich praktisch und wahnsinnig niedlich. In meinem Doggibag (siehe Seite 140) habe ich immer tolle Dinge für ihn dabei, sodass er von Anfang an unkompliziert im Unterricht dabei sein kann.

Aus dem Nähkästchen

JUICE

Zum selben Zeitpunkt zog noch ein anderer Welpe bei uns ein: Juice. Eine kleine Border Collie-Hündin.

Jobprofil Hütehund an unserer Herde, Teampartner in unserer Show.
Da ich für unseren landwirtschaftlichen Betrieb ebenso wie in unserer Show einen Nachwuchshund brauchte, war sie aufgrund ihrer Genetik, die auf meine eigenen Leistungshundelinien zurücklief, für uns sehr interessant. Ich suchte sie aufgrund ihrer wunderschönen Zeichnung, die mich an einen meiner ersten Hunde, ihre Urururgroßmutter erinnerte, aus.

Die Reise und die ersten Tage Es war gut, dass wir zu zweit waren und meine Freundin, die ihren Bruder übernommen hat, beide Welpen wunderbar betreuen konnte. Die jungen Hunde wirkten sehr angestrengt von dem Transfer. Sie fraß gut, hatte aber enorme Verdauungsstörungen, die auch noch über Wochen anhalten sollten.
Sie ist mit anderen Hunden sehr kompatibel und sozial aktiv, schläft nachts durch, wirkt aber bei neuen Anforderungen eher sperrig. Sie blockiert an der Leine, hat Mühe mit Hauseingängen, will nicht so recht hindurchgehen und kontert mit passiver Abwehr bei allen neuen Anforderungen.

Ausdrucksverhalten Sie hat häufig das Maul geschlossen, wedelt wenig, wirkt eher zurückhaltend bis reserviert.
Auf mein Bindungstraining lässt sie sich gut ein, taucht dann aber immer wieder in ihre Welt ab. Sie wirkt eher introvertiert und festgehalten. Mir ist klar, dass ich das, was ich bei Whiskey geschenkt bekomme, in Juice investieren muss. Sie erzeugt in mir das Gefühl, dass sie sich nicht für mich entschieden hat und mich ein wenig auf Distanz hält. Wir beobachten einander gegenseitig und warten ab. Dennoch ist sie alles in allem unkompliziert und still.

Aus dem Nähkästchen

JODA

Der dritte Welpe, der unseren Betrieb bereichern soll, ist ein Herdenschutzhund: Joda, ein kleiner Kangal. Wir waren von seiner Mama sehr begeistert, die in einem Betrieb die Schafherde bewacht hat, und entschieden uns für diesen kleinen Kerl, da er seiner Mama am ähnlichsten war.

Jobprofil Innenminister, Wolfabwehr am Hof und nächtlicher Werksschutz.

Die Reise und die ersten Tage Die Reise nach Hause war schwierig für ihn. Und in den ersten drei Wochen brach immer wieder ein furchtbares Heimweh über ihn herein. Er weinte sich in den Schlaf, auch auf meinem Arm, er konnte keine Sekunde allein sein, ohne Sorge zu haben, dass die Welt zusammenbricht. Das machte den Start für uns sehr anstrengend und aufwendig. Er schlief keine Nacht durch, er jammerte am Tag und wir bekamen nach 14 Tagen Zweifel, ob das alles so sein soll. In dem Moment, indem mir bewusst wurde, dass es Heimweh ist, merkte ich, wie groß und bindungsfähig sein Herz ist und ich war mit absolut sicher, dass ich ihm nur Zeit geben muss.
Er frisst von Anfang an gut, hat aber extreme Verdauungsstörungen. Nach wiederholter Wurmkur wird es langsam besser. Dennoch ist seine Darmflora sehr in Mitleidenschaft gezogen, so wie sein Herz.

Ausdrucksverhalten Er wedelt schnell und ausgiebig, ist uns sehr zugewandt, anhänglich und sucht viel Körperkontakt. Er ist sehr laut und schreit unfassbar schnell, wenn ihm etwas nicht gefällt. Er schläft den tiefsten Welpenschlaf, den ich je gesehen habe, und braucht sehr viel Wärme und Schutz. Er begegnet uns mit einem weichen, anhänglichen und sensiblen Auftreten. Er ist sehr verspielt und verschmust, was wir von unseren anderen Molossern auch kennen. Sobald er auf dem Arm ist, schläft er ruhig und fest.

Aus dem Nähkästchen

LUNA

Und dann kommt Luna. Eine Golden-Goldendoodle-Hündin. Ihre Besitzerin hat, als Luna fast fünf Monate alt war, festgestellt, dass dieser Hund nicht in ihre derzeitige Lebenssituation passt. Ein überaus verantwortungsvolles Verhalten, sich dann zielgerichtet um eine bestmögliche Lösung zu bemühen. Wir nahmen Luna bei uns auf und begannen, ihr leicht demoliertes Bindungssystem zu reparieren. Luna hatte einen etwas schwierigen Start. Sie wuchs ohne direkten Kontakt zu ihrer Mutter auf, wechselte dann ein erstes Mal ihr Heim, um dann beim zweiten Wechsel in nur acht Wochen bei uns anzukommen. Ein Hund, der Bindungsangebote unsererseits aufsog wie ein trockener Schwamm. Sie war sehr nach außen orientiert, etwas nervös und hatte sich bereits das Kotfressen angewöhnt.

Jobprofil Therapiebegleithund in der Geriatrie, das war mein Plan. Denn sie war zauberhaft, und die Schwierigkeiten, die sie mitbrachte, konnte ich, da war ich mir sicher, bald reparieren.

Ausdrucksverhalten Extrem aktive Rute, schnell offenes Maul, beweglich im ganzen Körper.
Sie frisst wie ein Scheunendrescher, verträgt alles und bekommt nie genug.

Diese vier kleinen Kollegen sind innerhalb eines Jahres in mein Leben gekommen und werden immer wieder in diesem Buch auftauchen. Sie dürfen hier in mein Welpentagebuch schauen und vielleicht finden Sie die ein oder andere Frage hier beantwortet. Begleiten Sie diese bunte Hundegruppe vom Schoßhund bis zum Herdenschützer. Sie werden feststellen, dass die Basis, die ein Hundekind braucht, um gesund groß zu werden, immer dieselbe ist. Egal welchen Auftrag der Hund im Leben erfüllen soll, er braucht liebevolle Zuwendung. Immer.

16.–24. Woche

*„Der Unwissende wird böse,
der Weise versteht."*

GEWÖHNUNGSPHASE

Dem Glück ein Feedback geben

So langsam kehrt eine Routine in Ihren Alltag ein. Sie haben Ihren kleinen Wirbelwind gut kennengelernt, kennen seinen Biorhythmus, wissen sich an Rituale zu halten. Das Heimweh ist einer Frohnatur gewichen und Ihre Beziehung beginnt, eine vage Verbindlichkeit zu entwickeln. Dennoch haben Sie Ihren alten Alltag noch nicht wieder zurück. Wahrscheinlich haben Sie bereits kleine Abenteuer mit Ihrem Hundekind erleben können und möglicherweise auch schon erfahren, was richtig gut und was noch etwas schwierig ist. Tragen Sie all das in diesem Büchlein ein. Diese Notizen sind hilfreich, denn sie geben Ihnen Orientierung über das, was Sie zurzeit vermehrt machen sollten – eben nur das, was gut geht. Viele der schwierigen Situationen haben noch Zeit und brauchen vielleicht noch etwas Zeit zum Reifen, geregelte Ausbildung oder stabile Bindung.

Bindung ist ein Grundbedürfnis, das wir reichhaltig erfüllen sollten.

Bindungsarbeit

Es ist ein wunderbarer Teil des Trainings, der auch Ihren Alltag verschönern wird. Er erdet uns Menschen und bringt uns unweigerlich ganz nah an unseren Hund. Und während ich dies hier schreibe, liegt mein kleiner Kangal-Welpe Joda auf meinen Füßen und schmatzt. Bindungsarbeit sollte unseren Tag auch in diesem Alter und für den Rest der gemeinsamen Beziehung bestimmen. Jedes Mal, wenn der kleine Hund zu Ihnen schaut, geben Sie ihm ein promptes und direktes Feedback, streicheln ihn, sprechen ihn an. Sorgen Sie dafür, dass er überwiegend in Ihrer Nähe sein kann und lassen Sie ihn noch nicht allein. Ich habe hier meinen kleinen Herrn Joda neben mich gelegt, während ich am PC arbeite. Er ist an einer Leine und auf diese habe ich mich gesetzt.

Das Hundekind mit Freude und positiver Energie fluten, erfüllt zwei Herzen gleichzeitig mit Glück.

So kann ich mich auf meine Arbeit konzentrieren, während das Hundekind bei mir ist, und brauche nicht die ganze Zeit zu schauen, ob er irgendeinen Quatsch macht, den ich nicht gebrauchen kann. Jodas Kopf liegt derweil auf meinen Füßen und er tut das, was Molosserkinder im Wachstum am liebsten machen: mit Körperkontakt tief und fest schlafen. Auch das ist Bindungsarbeit, denn ich sorge dafür, dass er a) in Sicherheit schlafen kann, und b) es nicht zu toxischen Stimmungen kommt, weil er etwas zerbissen hat und ich meine Arbeit nicht schaffe. Das bedeutet, dass die Begegnung stets aufgeräumt und freundlich ist. Das schafft Vertrauen. Joda soll, wenn er groß ist, unseren Hof bewachen. Und ich kann Ihnen versichern, dass er das tun wird, auch wenn er als Hundekind auf meinen Füßen in der warmen Küche liegt. Er wird es sogar umso besser tun, denn er ist geborgen, geliebt und sicher.

Dies soll nur ein Beispiel dafür sein, dass ein Hundekind, egal welchen Auftrag es später bekommt, erst einmal ein Hundekind ist, und um gesund groß zu werden, braucht es einen liebevollen geschützten Rahmen.

BINDUNG IST KEINE EINBAHNSTRASSE

Es wiederholt sich in der Tat in jeder Lebensphase des Hundes und auch in Ihrer Beziehung zu ihm: Das Bindungssystem aufzubauen, um das Bedrohungssystem zu beruhigen, hat den Hintergrund, dass ein Hund belastbar und leistungsbereit wird, je stärker sein Bindungssystem entwickelt ist. Das, was wir hier tun, ist, den Grundstein zu legen für eine stabile, belastbare Beziehung, ebenso wie für eine intensive und vielschichtige Ausbildung. Lassen Sie keinen Moment verstreichen, indem auch Sie das tiefe Band zwischen Ihnen und Ihrem Hund stabilisieren können.

Notizen

Wie klappt mein Alltag

„Ein Hund weiß nicht, wie man Liebe schreibt, aber er weiß genau, wie man sie täglich zeigt.“

AUSDRUCKSVERHALTEN

Den kleinen Hund studieren

Fast wie ein Biologe, so lernen Sie nun Ihren Welpen zu beobachten, ja, zu studieren. Und ich will Ihnen helfen, das direkt mit System zu machen. Es ist die kleine Leseschule, die notwendig ist, um ein gegenseitiges Verstehen zu entwickeln. Hunde haben, ebenso wie wir Menschen, ein sehr intensives und leicht erkennbares Ausdrucksverhalten. Hunde und Menschen benutzen dieselben Kommunikationswege, nur in umgekehrter Gewichtung.

Drei Kommunikationswege

Grundsätzlich beziehen wir uns hier auf drei Kommunikationswege, nämlich die

- räumliche
- leibliche
- akustische

Kommunikation. Während für den Hund die räumliche die wichtigste ist, er den Raum um sich herum unfassbar schnell überblicken und bedienen kann, können wir Menschen sehr geschickt mit Worten umgehen. Worte sind Synonyme, die wir entwickelt haben und benutzen, um uns mitzuteilen. Mit unseren Worten, und sind sie noch so gut gemeint, kann ein Hundekind zunächst nicht viel anfangen. Es sind Lautäußerungen, die er nicht identifizieren und zuordnen kann. Er hat die Bereitschaft, Signale zu erlernen und zu verstehen, aber unsere Sprache, die komplex ist und Zeitformen überschreitet, wird für ihn nicht zu entschlüsseln sein. Die leibliche Sprache benutzen wir gleichermaßen und auch in ähnlicher Art und Weise. Das körperliche Ausdrucksverhalten hat artübergreifende Ähnlichkeiten, was die Bewegungsintention, die Spannung und Entspannung, die neurobiologischen Abläufe angeht. Die Unterschiedlichkeit unserer Kommunikationswege können wir Menschen angleichen und dem Hund somit auf ganz natürliche Art und Weise entgegenkommen. Hierzu lernen Sie in den weiteren Kapiteln viele wichtige Details.

Im Spiel sollten wir den Hund durch Raumgeben immer gewinnen lassen.

Sein Ausdrucksverhalten wahrzunehmen, ...

... bedeutet ihn jederzeit genau zu beobachten.

LESEN LERNEN

Um Missverstehen von vornherein zu vermeiden, geht es erst einmal darum, sein Gegenüber in seinem Ausdrucksverhalten zu erkennen und zu verstehen. Das bedeutet nicht, dass Sie Ihre Wirklichkeit Ihrem Hund überstülpen, sondern lernen zu beobachten, was genau Ihr vierbeiniger Freund gerade tut. Das nennen wir: lesen lernen. Und auch wenn Sie einen Text lesen, dann sollen Sie zunächst nur die Buchstaben identifizieren und nicht analysieren, was der Autor damit gemeint haben mag. Hunde kommunizieren absolut prompt, linear und im Jetzt. Und mehr noch, Hunde sind von Anfang an in der Lage, absolut präzise das Ausdrucksverhalten von uns Menschen zu lesen. Sie haben nicht nur eine ausgezeichnete Auffassungsgabe, feine Sinne, sondern auch meistens mehr Zeit als wir. Und auch Ihr Hundekind tut das, es liest Sie unablässig, wertfrei und intensiv.

ÜBUNG

LESESCHULE

Lernen Sie das Lesen von Anfang an und bringen somit den Dialog zwischen Ihnen und Ihrem Hund auf Erfolgskurs. Beginnen wir hier mit der ersten Übung: Im ersten Schritt konzentrieren Sie sich auf die räumliche Sprache und beginnen mit den Großbuchstaben. Beobachten und zählen Sie, wie häufig Ihr Hundekind Ihnen zugewandt ist, sie anschaut, Kontakt zu Ihnen aufbaut. Das räumliche Ausdrucksverhalten im Groben lesen Sie, indem Sie erkennen, ob Ihr Hund Ihnen den Kopf oder den Po zuwendet. Erkennen Sie, wann Ihr Hund sich Ihnen zuwendet und bestätigen Sie jede noch so kleine Eigeninitiative des Hundes, den Raum zu Ihnen zu verkleinern, mit intensivem Lob und Spiel. Bitte nicht mit Futter, denn dann würden Sie eine Währung einführen. Das Futter haben wir nur in der ersten Zeit benutzt, um den klassisch konditionierten Lockruf zwecks der räumlichen Orientie-

rung beim ganz kleinen Hundekind aufzubauen. Das schleicht sich nun langsam aus. Entwickeln Sie in dieser Zeit die Intensität des Lobens und der tiefen Zuneigung.
Und nun lesen wir das leibliche Ausdrucksverhalten im Groben. Betrachten Sie das Gesicht Ihres Welpen. Versuchen Sie zu erkennen, ob er das Maul öffnet oder schließt, ob er schmatzt und kaut und sich ab und zu das Mäulchen schleckt. Sehen Sie das Auge an und überprüfen Sie, ob Ihr Welpe regelmäßig Lidschlag hat. Und nun schauen wir direkt auf die Rute. Wie hält Ihr Baby die Rute? Wedelt er, ist die Rute weit oben oder eher tief getragen? Diese Beobachtungen notieren Sie, ohne sie zu bewerten. Lernen Sie diese Beobachtungen sachlich wahrzunehmen und nicht mit Ihren Empfindungen zu vermischen. Was ein wedelnder Hund in Ihnen auslöst, das steht an dieser Stelle auf einem anderen Blatt. Erst einmal wollen wir nur erkennen, wann, wie und wie oft er wedelt und wie wir das Wedeln erzeugen können. Denn nur so werden Sie in der Lage sein, als Glücksschmied aus Ihrem Hund einen echten Glückspilz zu machen.
Damit Sie einen Überblick bekommen, können Sie die Tabelle nutzen und eine Strichliste anfertigen. Wedeln, offenes Mäulchen usw.

So lernen Sie Ihren Hund zu lesen

Verhalten	häufig	mittel	selten
Wedeln			
Offenes Mäulchen			
Lidschlag			
Bewegliche Ohren			
Weicher Körper			
Zehen-Ballen-Fußung			

Führen Sie Protokoll und tragen Sie das (nicht) gezeigte Verhalten ein.

ERNÄHRUNG & MEDIZINISCHES

Fit und gesund ins Leben

Drei Mahlzeiten

Fragen wir Ihren Hund, wird dieser sagen, dass er auch ein Glückspilz ist, wenn der Speiseplan stimmt. Und diesen passen wir nun seinen Bedürfnissen, seiner Entwicklung und der Struktur seiner Darmflora an. Entwickeln Sie nach und nach Vielfalt im Speiseplan Ihres Welpen. Er lebt ja nun bereits seit ca. acht Wochen bei Ihnen und in dieser Zeit sollte der Darm eine Stabilität aufgebaut haben. Sie können nun schon etwas Quark, Joghurt oder Hüttenkäse, ab und zu ein Ei, etwas Öl mit ins Futter geben, genauso wie gegartes Gemüse und frisches Obst nach und nach die Liste seines Speiseplans bereichern sollte. Geben Sie Ihrem Hundekind immer mal wieder eine Beinscheibe oder ein Kniegelenk vom Rind, auf dem es lange und intensiv herumnagen kann. All das gehört auf den Speiseplan eines jungen Hundes. Die Hauptration des bisherigen Welpenfutters bleibt jedoch auf drei Mahlzeiten verteilt und muss nun langsam dem beginnenden Größenwachstum Ihres Hundes angepasst werden. Da dieses Buch für Hunde aller Rassen geschrieben wird, kann ich keine Futtermengen angeben. Ein Havaneser verbraucht vergleichsweise wenig, im Gegensatz zu einem Molosser. Aber bitte achten Sie darauf, dass Ihr Hund immer schlank und sportlich aussieht. Fett gefütterte Welpen fassen sich zwar weich an, aber die unfertigen Gelenke müssen all den Ballast tragen. Und das kann Folgeschäden mit sich bringen. Hunde wachsen wie Kinder in Schüben. Und genau so benötigen sie auch Nahrung. Wenn man denkt, jetzt passt es gerade, dann wächst es wieder los, Ihr Hundekind, und wenn Sie glauben, jetzt braucht es bestimmt deutlich mehr, wird es einfach nur dick. Lernen Sie, flexibel zu sein und die Ration dem anzupassen, was Sie sehen. Klasse statt Masse ist in jedem Fall ratsam.

Speiseplan

Es ist praktisch, wenn Sie ein gesundes Grundfutter für Ihren Hund haben. Erweitern Sie es mit Gemüse, Reis, Joghurt, Quark, Ei, Öl und frischem Fleisch. Dies sind nahrhafte Lieferanten für wichtige Nährstoffe, die ein Hund benötigt. Entwickeln Sie einen ausgewogenen Speiseplan, um Ihren Hund gesund zu erhalten.

Knochen vom Rind oder Schaf eignen sich hervorragend zum Nagen und Kauen.

Werden sie regelmäßig angeboten, lernen die Hunde, sehr gut und sorgfältig damit umzugehen.

VON MÄKELIG BIS VIELFRASS

Auch das ist wie bei den Menschenkindern. Es gibt welche, die heißen: „Mama, das mag ich nicht", und andere, die putzen alles weg, was auf den Teller kommt. Im Laufe des Heranwachsens kann sich das auch immer wieder ändern. Ich habe von meinen Tieren gelernt, gelassen damit umzugehen und auf die Natur der Dinge zu vertrauen. Ein Organismus wird schon wissen, was er braucht, und wenn das Hundekind mäkelig ist, ich aber weiß, dass die Nahrung angemessen und hochwertig ist, dann braucht dieses Seelchen vielleicht gerade nicht so viel. Manche mäkeligen Hunde fangen erst mit zwei Jahren an richtig zu fressen. Dann sind sie hormonell ausgereift und erwachsen.

Anderen wiederum muss man eine Fressbremse verpassen. Sie können sich nicht vorstellen, dass sie jemals wieder etwas zu futtern bekommen und glauben, alles auf einmal vertilgen zu müssen. Sie fressen in einer wahnsinnigen Geschwindigkeit und geben glaubhaft vor, niemals satt zu werden. Notieren Sie, was Sie füttern, und beschreiben Sie die Vorlieben Ihres kleinen Lieblings. Füttern Sie mit dem Auge und dem Herzen, Sie wissen ja: Liebe geht auch durch den Magen.

Notizen

Mein Ernährungsplan

„Egal wie wenig Geld oder Besitz du hast, einen Hund als Freund zu haben macht dich reich.“

Luis Sabin

Das Autofahren

Mobilität ist für Sie enorm wichtig. Und dazu gehört, dass auch Ihr Hund mobil ist. Bislang haben wir die Reise vom Züchter nach Hause besprochen. Dabei bleibt es ja im Hundeleben nicht und Autofahren gehört bei einigen Hunden zum Tagesgeschäft, bei anderen findet es eher selten statt. Da die Transportbox im Leben des jungen Hundes eine zentrale Rolle spielt (siehe Seite 140), beginnen wir nach der Eingewöhnungsphase mit dem jungen Hund das Boxentraining im Auto. Gestalten Sie es kleinschrittig. Beginnen Sie zunächst damit, Ihren Hund im Auto zu füttern, ihm einfach seine Mahlzeiten in der Box im Auto zu geben. Sowie Ihr Zwerg bereits verstanden hat, dass seine Box ein sicherer und guter Ort ist, lassen Sie ihn auch mit der Box eine kurze Weile im stehenden Fahrzeug. Die ersten Tage reicht dieses Ritual. Dann erst beginnen Sie, den Motor kurz laufen zu lassen, und später nehmen Sie ihn bei jeder Gelegenheit auf kurze Strecken mit. Sicher, kurzweilig und effektiv, so lernt auch Ihr Hund schnell, dass Autofahren kein Problem ist. Die meisten Hunde vertragen das Autofahren ohne Probleme. Es gibt aber auch Hunde, die mäßig bis schwer seekrank werden. Sollte Ihr Hund das Autofahren nicht gut vertragen, dann müssen Sie es dennoch üben. Nur bitte andersherum. Den nüchternen Hund in die Box ins Auto bringen, eine kurze Strecke fahren und dann danach in der Box im Auto eine Kleinigkeit füttern. Dann rausnehmen und tüchtig spielen.

Mit etwas Training und einer sicheren Transportbox wird der Hund schnell reisetauglich.

Impfung und Entwurmung

Nun steht er vor der Tür: der erste Tierarztbesuch. Ihr kleiner Hund braucht seine zweite Impfung. Weder Sie noch Ihr Hund brauchen deswegen aufgeregt zu sein. Ja, es ist eine neue Situation, aber Sie fahren ja nicht auf eine Kirmes, sondern im besten Fall zu Menschen, die professionell mit Tieren zu tun haben.

Fellpflege gehört zum Duldsamkeitstraining.

ÜBUNG

DULDSAMKEITSTRAINING UND DOKTORSPIELE

Die beste Vorbereitung ist ein stabiles Bindungssystem. Zudem können Sie mit Ihrem Hundekind schon üben, dass Sie es auf einen Tisch (z. B. Gartentisch) heben und jemand anderes ihn anfasst, streichelt und herzt. Üben Sie, den Hund bzw. den Raum des Hundes so zu sichern, dass er sich nicht rauswinden und runterspringen kann. Streicheln und liebkosen Sie Ihren Hund, als ob es kein Morgen gäbe und wenn Sie spüren, dass er gut mitmacht, dann heben Sie ihn wieder hinunter und spielen mit ihm.

Der Tierarzt schaut in die Augen, in die Ohren, ins Maul, misst Fieber, tastet den Körper ab und hört das Herz ab. Danach gibt es einen kleinen Pieks im losen Bindegewebe auf dem Rippenbogen und das war es. Am Tag der Impfung und kurz danach sollte Ihr Hund viel ruhen, denn Impfungen können anstrengend sein. Zudem sollten Sie die Impfstelle etwas beobachten, für den Fall, dass es eine örtliche Impfreaktion gibt. Nach ein, zwei Tagen ist alles wieder wie vorher und die nächste Impfung steht dann erst wieder mit einem Jahr an. Lassen Sie sich von Ihrem Tierarzt beraten, welche Impfungen notwendig sind und tragen Sie sich die Folgetermine als Reminder verbindlich ein, damit Sie auch später noch daran denken.

Meine Besuche beim Tierarzt

Regelmäßige Zahnkontrolle ist sehr wichtig, damit Probleme schnell erkannt werden.

Die Zahnfee kündigt sich an

Zwischen dem dritten und vierten Lebensmonat bereitet der kleine Hund sich auf den Zahnwechsel vor. Das erkennen Sie schon daran, dass der Kautrieb enorm zunimmt. Er möchte auf Teppichkanten, an Möbeln, an Fingern herumkauen, um seinen Kiefer zu massieren. Üben Sie in dieser Zeit immer wieder, das Mäulchen zu öffnen und hineinzuschauen. Das erleichtert Ihnen im Folgenden die Kontrolle. Ein Zahnwechsel ist ein ganz natürlicher Vorgang. Es gibt selten Probleme, dennoch ist es eine Zeit, in der die jungen Hunde Wachstumsschmerzen im Kiefer haben können und auch durch das sich verändernde Zahnfleisch angestrengt sind. Bieten Sie Ihrem Hund jeden Tag natürliche Kaumöglichkeiten, wie Beinscheibe oder Kniegelenk vom Rind, an denen er sein Zahnfleisch reiben und damit die Zahnung unterstützen kann. Für den jungen Hund ist der Zahnwechsel anstrengend, denn er entwickelt von 28 Milchzähnen innerhalb weniger Wochen 42 bleibende Zähne. Größere Rassen beginnen in der Regel etwas früher als kleinere Hunde. Selten findet man einen Milchzahn, meist verlieren sie sie irgendwo oder schlucken sie herunter. Manchmal verläuft die Zahnung nicht reibungslos und Sie brauchen etwas Unterstützung von Ihrem Tierarzt. Das erkennen Sie daran, dass das Zahnfleisch mehr als üblich gerötet ist oder ein Milchzahn einfach sitzenbleiben möchte, obwohl ein anderer bereits herauswächst. Vermeiden Sie Zerrspiele mit Ihrem Hund, besonders in dieser Zeit. Manchmal macht den jungen Hunden in der Zahnung auch das Apportieren keinen Spaß mehr. Das ist nicht schlimm. Dann lassen Sie es gänzlich, und später, wenn die nagelneuen Zähne alle da sind, können wir wieder ins Training einsteigen.

REIZOFFENHEIT & NEUGIER

Die große Welt der kleinen Hunde

Die Zeit rast und auch Sie werden an Ihrem Hund innerlich wie äußerlich Veränderungen feststellen können. Die Knochen ziehen sich in die Länge, das Gesicht bekommt andere Konturen, es scheint nun, als würde ein Wachstumsschub den anderen überholen, und es scheint auch, als ob diese kindliche Phase nach und nach einer jugendlichen Phase Platz macht. Dem ist auch so. Und so, wie Sie die Babyphase genießen konnten, so starten Sie nun in neue, tolle Abenteuer mit Ihrem kleinen Freund. Besonders aber spüren Sie die immer größer werdende Neugierde und Reizoffenheit an Ihrem Hund. Es ist, als würde die Umwelt plötzlich besser riechen, mehr Farben haben und voller Bewegungsreize sein, die bis vor Kurzem für Ihr Hundekind noch unsichtbar oder vernebelt schienen. Und diese Neugierde ist wichtig und großartig, sie ist absolut natürlich und gehört zum Wachstum einer jeden Kreatur dazu. Wir nennen es Reizoffenheit. Sie muss gleichermaßen gefördert und reguliert werden. Gehen Sie los und erkunden Sie gemeinsam die Welt: Baumstämme, Tümpel und Laubhaufen. Lassen Sie sich auf diese Entdeckungsreise ein und lernen Sie, die Welt mit den Augen Ihres kleinen Hundes zu entdecken.

Mit gezieltem Spiel können wir die Triebentwicklung nutzen und das Apportieren entwickeln.

Der sichere Rahmen

Bei aller Neugierde ist jedoch der sichere Rahmen entscheidend. Es ist klug, in dieser Zeit den Hund mit dem neu erwachten Wissensdurst immer innerhalb eines sicheren Rahmens zu halten. Er soll seinen Wissensdurst stillen und zugleich lernen, dass er innerhalb einer überschaubaren Reizlage noch ein Ohr für Sie hat. Es ist in der Tat die Zeit, in der Sie Ihren Hund nicht mehr nur beschützen, sondern auch beginnen sollten, ihn in Maßen zu coachen, ihm seine kleine und immer größer werdende Welpenwelt zu erklären. Die Leine gibt Ihrem Hundekind einen sicheren Rahmen, Orientierung und Halt. Auch wenn die Leinenführigkeit noch nicht genug geschult wurde, ist es notwendig, dieses materielle Band zum jungen Hund zu erhalten, damit es später ein virtuelles wird.

Die Ansprechbarkeit mit ihrer Zugewandtheit ist nun das wichtigste Unterrichtsthema.

Spielend lernen

Mit spielerischer Konsequenz ist es leicht, diese wunderbare Entwicklungsphase zu begleiten, denn neben der neuen Reizoffenheit ist beim Hund auch eine neue Lernbereitschaft entstanden.

AUSLASTUNG UND HUMMELN IM HINTERN

Neben dem Wissendurst bekommt Ihr Hund auch einen inneren Antrieb. Der kleine Körper möchte sich entwickeln und sich ausprobieren, es scheint, als würden die Hummeln im Hintern Ihres Welpen sich von Tag zu Tag vermehren. Und dem ist auch so. Die Schlafphasen werden kürzer, das Bedürfnis der körperlichen Auslastung wächst. Sie spüren, dass es an der Zeit ist, den Rahmen für Ihren Hund etwas anzupassen. Bislang sind wir ja nur wenig, und wenn, dann reizarm, mit ihm unterwegs gewesen, haben ihn in einem sicheren Ambiente gehalten. Es fehlt ja noch an dem Zugang zu ihm, an der Bindung und der Möglichkeit, ihn auch im Geiste gut zu erreichen. Damit beginnen wir in diesem Kapitel. Sie sind mittendrin, maßgeblich eingebunden in die Reise vom Kidnapper zum Coach. Sie sind Ihres Glückes Schmied und schmieden das Glück Ihres Hundes gleich mit. Und damit das gelingt, lernen Sie systematisch den Dialog zu Ihrem Hund aufzubauen, um mit ihm Seite an Seite nicht nur sein Wachstum zu begleiten, sondern auch, um sicher die Welt zu erobern.

Hundefreundschaften entstehen durch geregeltes und gleichwertiges Spielen ebenso wie durch gemeinsame Abenteuer.

Kind sein und kleine Abenteuer

Es ist eine nicht ganz ungefährliche Phase, denn schnell wird bei all der Motivation auf beiden Seiten vergessen, dass es sich hier in der Tat um ein kleines Kind handelt. Ihr Hundekind funktioniert nun wie ein kleines Kraftwerk. Es muss in nur sieben Monaten den ganzen großen, prächtigen Hundekörper erschaffen – Muskeln, Knochen, Zähne, Fell. Es muss die menschliche Welt verstehen, fruchtbar werden und all das, was seine Bedürfnisse sind, geregelt und reguliert entwickeln. Für diesen Teil der Entwicklung bekommt ein Menschenkind fast 18 Jahre Zeit. Es ist mir ein persönliches Anliegen, Sie, liebe Leserinnen und Leser, zu sensibilisieren für das, was da am Ende Ihrer Leine passiert. Viele Dinge haben Zeit, etliches kann man später unternehmen und erklären, alles braucht Ihr Hundekind noch nicht zu verstehen. Der sichere Rahmen, indem der junge Hund noch keine Verantwortung übernehmen muss, ist entscheidend dafür, dass Ihre Beziehung erfolgreich und glücklich wird. Auch wenn Sie merken, dass ich Ihnen nicht so viel Freiheit lasse, ist es das Ziel, dass Sie und Ihr Hund eine freie Partnerschaft erleben und leben können.

AN DER LEINE LASSEN

Meist werden hier die größten Fehler gemacht. Die jungen Hunde werden viel zu früh freigelassen, a) weil die Leine nervt, b) weil Erziehen anstrengend ist. Das Ergebnis sind am Ende häufig enthemmte, unkontrollierbare Hunde, die den Rest ihres Lebens an einer

Leine verbringen müssen. Das System, das Sie hier erlernen, baut den Hund anders auf. Wir schenken dem Hund in einem sicheren Rahmen die Freiheit und in der Freiheit einen sicheren Rahmen. Bedenken Sie Ihre Vision. Entwickeln Sie sich und Ihren Hund mit Geduld und Zuversicht, um auch genau dort hinzukommen und Ihre Ziele zu erreichen.

Hundefreundschaften und der eigene Clan

Wie im ersten Kapitel besprochen, ist es klug, einen kleinen, überschaubaren Freundeskreis für Ihren Hund zu suchen. Freundliche, soziale und verspielte Kollegen, mit denen Sie sich immer wieder treffen, die untereinander eine Bindung aufbauen können und auch zeitweise zusammen spielen dürfen. Diese Gang wird Bindung zueinander aufbauen. Gut ist es, das richtige Maß zu finden, das heißt, dass Sie die Hunde bitte nicht stundenlang unkontrolliert im Garten toben lassen, sondern dass Sie das Spiel der Hunde etwas begleiten und auch erkennen, wann es für den kleinen Organismus genug ist. Der domestizierte Hund neigt zu einem übertriebenen Spielverhalten, und da er seine Freunde nicht rund um die Uhr um sich hat, kann er sich als Wohlstandskind richtig hineinsteigern. Sein Körper ist jedoch noch nicht ausreichend ausgereift und bemuskelt, um diese Belastung auszuhalten. Regulieren Sie das Spiel ruhig zeitlich und auch in der Intensität, aber richten Sie es regelmäßig ein. Es ist eine Freude, spielenden Hunden zuzuschauen, und in einem sicheren Ambiente mit sozial aktiven Artgenossen für Ihren Schützling ein absoluter Gewinn.

001 **Kurzfilm mit der Kosmos Plus-App: Hier sehen Sie Hundebegegnungen und Spielverhalten.**

Richtig dicke Freunde werden Hunde nur, wenn sie lernen, aufeinander Acht zu geben.

Hundebegnungen sollten sorgfältig gecoacht werden, damit jeder den Hin- und Rückweg kennt.

FREMDKONTAKTE

Mit Fremdkontakten dürfen Sie sorgfältig umgehen. Ihr Hund muss weder jedem anderen Hund „Hallo sagen", noch muss jeder andere Hund Ihrem Hund seine Nase unter die Rute schieben. Das sind leider Übergriffigkeiten, die im Wildwest der Hundehalter regelmäßig stattfinden. Lernen Sie sich freundlich und schlagfertig gegen andere Hundehalter und deren Vierbeiner abzugrenzen und suchen Sie sich Mitmenschen, die ebenso sorgfältig damit umgehen. Erst, wenn Ihr Hund gelernt hat, zuverlässig auf Sie zu reagieren, auch innerhalb einer Reizlage, können Sie das Maß an Begegnungen steigern. Und wie wir das genau aufbauen, können Sie im Folgenden lernen.

IHR HUND UND DAS HANDY

Ihr Hund hat einen Namen. Stellen Sie sich vor, dieser Name ist so etwas wie eine Telefonnummer. Ihr Wunsch ist es, dass Ihr Hund dann auf Empfang geht, also erreichbar ist, wenn Sie diese Nummer wählen. Kein Funkloch, kein Akku leer, kein schlechtes Netz und auch das Handy nicht verlegt. Das betrifft die Seite des Empfängers. Die Seite des Senders, Sie also, sollten jedoch auch lernen, keinen „Taschenanruf" zu tätigen. Taschenanruf bedeutet, dass Ihr Handy in Ihrer Jackentasche nicht gesperrt ist und selbstständig eine Nummer wählt. Der Angerufene wird abnehmen und nur das Geraschel aus der Tasche hören. Da keine Verbindung zustande kommt, wird er vermutlich nach dem dritten Mal nicht mehr drangehen, weil er denkt, es sei nur ein Taschenanruf. Wenn Sie den Namen Ihres Hundes sagen, und eigentlich keinen Kontakt möchten, dann wird Ihr Hund schnell lernen, dass Sie einen Taschenanruf tätigen, und nicht mehr auf seinen Namen reagieren. Nun ist es an Ihnen, zu Beginn der Schulung zu sortieren, was Sie genau wollen. Wollen Sie Ihr Hundekind nur orientieren, dann sagen Sie einfach „Puppie". Wenn Sie jedoch tatsächlich mit ihm in Kontakt treten möchten, Achtsamkeit inklusive, dann sagen Sie den Namen Ihres Hundes.

Notizen

Meine Hundefreunde

„Der Hund ist ein Begleiter, der uns daran erinnert, jeden Augenblick zu genießen."

Maria Lennard

DIE DREI SÄULEN

Ansprechbarkeit, Lobbarkeit, Störbarkeit

Ansprechbarkeit

Ich weiß, dass an dieser Stelle des Buches der Name Ihres Hundes noch nicht gezielt geschult wurde. Nun beginnen wir, es präzise aufzubauen. Es ist wichtig, dass Sie eine Vision, eine Erwartung an den Namen richten und dies in Ihrem Geiste sichern. Notieren Sie Ihre Erwartung bei der Aussprache des Namens und definieren Sie den Namen als sogenannte „ziehende Hilfe", die später, wenn er geschult ist, eine 100-prozentige Ansprechbarkeit erzeugt.
Wie Sie merken, möchte ich Sie dafür sensibilisieren, sich die Verwendung des Namens bewusst zu machen. Sagen Sie ihn lieber seltener, dafür aber stets mit Zugewandtheit und der Intention, Ihren Hund für die gewünschte Reaktion aktiv zu loben.

ÜBUNG

ANSPRECHBARKEIT

Sie haben Ihren kleinen Sportsfreund an der ca. 1,20 m langen Leine. Nun wenden Sie sich ihm zu, gehen einen Schritt zurück, nehmen eine weiche, entspannte Körperhaltung ein und sagen fröhlich seinen Namen. Die räumliche und leibliche Sprache kennt er ja bereits aus dem Lockruf. Er wird sich Ihnen zuwenden und folgen. Nun begrenzen Sie den Raum nach außen, indem Sie die Leine verkürzen und helfen ihm in die Sitzposition. Hier beginnen Sie mit dem Lobritual, dem Ausstreichen der Nasalfalte und dem intensiven Loben. Danach folgt ein kleines Spiel oder Geschmuse. Achten Sie darauf, dass das Lob ankommt und echte Freude sowie positive Energie freisetzt.

Ansprechbarkeit: Der Hund ist an der Leine.

Lobbarkeit

Und damit sind wir auch bereits beim nächsten Thema: die Lobbarkeit.
Dies ist das Kernstück einer Beziehung. Die Lobbarkeit ist der Schlüssel zum Glück, das Gewürz in der Suppe, die Sonne am Himmel. Wir arbeiten ja bereits seit dem ersten Tag an ihr. Wir schaffen Komfortzonen, Glücksgefühle und erzeugen aktiv Bindungsrituale. Und genau darum geht es auch innerhalb der Lobbarkeit. Doch hierbei setzen wir sie ganz gezielt ein. Wir bereiten unserem kleinen Freund also ganz gezielt Freude und Glück, um ihm damit zu signalisieren, dass er gerade etwas richtig gut macht.
Schreiben Sie sich Lobworte auf, die Sie benutzen möchten. „Jawohl“, „Gut so“ oder „Prima“ sind gute Lobworte. Von dem Wort „Fein“ rate ich gerne ab, denn es reimt sich auf „Nein“ und Ihr Hund weiß dann nicht genau, ob er jetzt etwas richtig gut oder nicht ganz so gut gemacht hat.

ÜBUNG

LOBBARKEIT

Üben Sie, das Lob zu dosieren, und finden Sie heraus, wie ruhig oder auch wie aktiv Sie Ihren Hund mit dem dementsprechenden Lob machen können. Üben Sie beides, das Ruhige und das Aktive. Streicheln Sie ihn intensiv, langsam und ausdauernd oder wagen Sie auch mal ein kleines Spielchen, bei dem Sie immer Raum geben. Die Lobbarkeit ist wie die Ansprechbarkeit und die Störbarkeit ein Werkzeug der Glücksschmiede und es ist gut, wenn Sie in dieser Welpenphase den Umgang mit diesen Werkzeugen üben.

Mit dem Namen wird der Hund motiviert, zu kommen …

… und dann ausgiebig gelobt.

Störbarkeit

Wachsen bedeutet lebendig sein, sich entwickeln, lernen, erfahren. Und dieser Prozess braucht Förderung und Motivation ebenso wie ein Regulativ. Dieses Regulativ erarbeiten wir uns ganz gezielt, entspannt und sachlich. Es ist die Störbarkeit. Für Sie ist es die Möglichkeit, Ihren Hund innerhalb eines Verhaltens zu unterbrechen. Und Hundekinder sind nicht anders als Menschenkinder, sie probieren ihre Grenzen aus. Das müssen sie. Und sie müssen auch erfahren, dass es Grenzen gibt. Sind wir nicht dazu bereit, dann können wir enthemmtes Verhalten erzeugen. Hunde, die enthemmtes Verhalten an den Tag legen, gibt es bereits genug. Meist sind es die Hunde, deren übergriffiges Verhalten mit „Der tut nix" oder „Der will nur spielen" abgetan wird, weil der dazugehörige Mensch nicht in der Lage ist, seinen Hund zu regulieren. Mit einer gezielt geschulten Störbarkeit aber können wir bereits bei unseren Hundekindern Verhaltensweisen sortieren und auch regulieren. Umso leichter fällt es uns dann, mit dem erwachsenen Hund in einem gelungenen Dialog zu stehen.

ÜBUNG

STÖRBARKEIT

Sie haben Ihren kleinen Freund an einer ca. 1,20m langen Leine. Sagen Sie leise und freundlich den Namen Ihres Hundes, auch in einer Situation, in der Sie erwarten können, dass er nicht reagieren wird. Nun bleiben Ihre Füße auf der Stelle stehen, Sie halten also den Raum und mit der Leine begrenzen Sie den Raum Ihres Hundes. Sie beginnen freundlich „Nein, nein, nein" zu sagen. Das soll von nun an Ihr Störsignal sein. Es soll die Wirkung eines Weckers haben, der

Gerät der Hund offline, ist es gut, wenn man ihn mit der Störbarkeit aufwecken kann.

nur dafür sorgt, dass man aufwacht. Und genau dieses Aufwachen wollen wir auch bei Ihrem Hund erzeugen. Er soll auf „Nein" nicht kommen, sondern erwachen und Sie wahrnehmen. Das wird er wahrscheinlich nicht gleich tun. Für diesen Fall beginnen Sie vorsichtig, die stramme Leine auszuschütteln, so lange, bis der kleine Kollege sich von Ihnen gestört fühlt und sich zu Ihnen umschaut. Nun sagen Sie wieder den Namen, geben einen Schritt Raum und loben ihn, sobald er bei Ihnen ist.

Ein sehr einfaches Konzept für Sie und Ihr Hundekind, immer und leicht anwendbar, aber nur, wenn Sie ihn auch an der Leine haben.

PLAN A UND PLAN B

Nennen wir es Plan A und Plan B.

Plan A Sie sagen den Namen und er reagiert. Dann loben Sie ihn.

Plan B Sie sagen seinen Namen und er reagiert nicht, dann stören Sie ihn mit dem Signal „Nein, nein, nein“, anschließend mit dem Leinengeschüttel, bis er reagiert, dann sagen Sie seinen Namen und loben, was das Zeug hält.

Take your time

Dies ist schon ein intensiver, grundlegender Trainingsplan, bei dem Sie immer im Blick haben sollten, dass ein 16 Wochen alter Welpe gerade seine Reizoffenheit voll entfaltet. Die Möglichkeit, dies zu üben, ergibt sich vermutlich hundertmal am Tag. Bitte üben Sie es nur sehr selten und in reizarmer Umgebung. Schwierige Situationen können Sie vorerst nur verwalten, ansonsten würden Sie Ihren Hund und auch sich selbst schnell überfordern. Ihr Hund soll erst die Sprache, die Abläufe und das Vertrauen zu Ihnen erlernen und aufbauen. Und auch Sie sollten erst eine Sicherheit innerhalb der Abläufe bekommen, um korrekt agieren zu können.

002 **Kurzfilm mit der Kosmos Plus-App: Hier sehen Sie Ansprechbarkeit & Co, die Werkzeuge der Glücksschmiede.**

Der zugewandte Hund kommt gerne zu seinem Menschen und nimmt das Lob gut an.

Ein sicheres Ambiente gehört zur Erfolgsgarantie im Training junger Hunde.

FEHLER VERMEIDEN

Orientieren und organisieren statt kritisieren – darum gilt es, in dieser Zeit der kindlichen Entwicklung ein gutes Management, einen sicheren Überblick zu bekommen und alles, was kompliziert wirkt, zu vermeiden. Geben Sie Ihrem Welpen Orientierung über den Lockruf, und auch, wenn er es geistig erfassen kann, über den sicheren Rahmen der Leine und das gezielte Schulen der drei Werkzeuge Ihrer Glücksschmiede: Ansprechbarkeit, Lobbarkeit und Störbarkeit. Und glauben Sie mir, sehr häufig noch nehme ich meine Welpen einfach warm und sicher auf den Arm und helfe ihnen dadurch, in schwierigen Situationen klarzukommen.

Die ersten Vokabeln

Sie merken, wir beginnen eine geordnete Sprache zu entwickeln. Ihr kleiner Hund wird von Ihnen bereits dreisprachig erzogen, ohne dass Sie es bewusst merken. Es sind drei Kommunikationswege, auf denen Sie Informationen transportieren. Ihre Signale sind akustisch, dann bedienen Sie die leibliche Kommunikation über Ihre Gesten und Ihre Mimik, Ihre Körperspannung, und als Drittes haben Sie eine räumliche Kommunikation: Sie halten, geben oder fordern Raum. Also bringen wir diese Kommunikationswege unter einen Hut und legen ein Vokabelheft an, bei dem Sie gleich alle drei Kommunikationswege definieren.

Notieren Sie Ihre eigenen Begriffe und Vokabeln und üben Sie sie mit der ganzen Familie, diese gleich anzuwenden. Umso schneller versteht Ihr Hundekind, was Sie von ihm wünschen.

Das sind für so einen Zwerg schon allerhand Signale und Begriffe. Und ganz ehrlich, für Sie auch. Es macht unfassbar Spaß, wenn Sie merken, dass Sie beginnen, einander zu verstehen, dass Sie bereits kleine sichere Rituale mit Ihrem doch noch neuen Freund entwickeln können. Und Sie werden spüren, wie sehr Sie sich immer wieder darauf freuen, etwas Zeit mit Ihrem Welpen verbringen zu können. Alles Üben und Spielen sollten Sie stets kurz gestalten, dafür aber häufig.

Das Vokabelheft

Was Sie erreichen wollen	Akustisches Signal (Vorschlag)	Ihr eigenes Signal	Ihre Körpersprache
Konditionierter Lockruf	„Puppie …"		Raum geben, sich klein machen
Lobwort	„Jawohl", „Gut so"		Raum halten, weicher Körper, Körperkontakt
Aufforderung zum Mitgehen	„Komm mit"		In Bewegungsrichtung gewandt sein, weicher Körper
Ansprechbarkeit	Der Name		Raum geben (einen Schritt zurück), sich klein, weich machen
Störbarkeit	freundliches „Nein, nein, nein"		Raum halten, entspannt aufrecht bleiben
Spielsignale	„Und spielen"		Raum geben, sich weich machen
Spielerisch mit Objekt arbeiten	„Nimm" und „nimm" für das Übernehmen des Apportels		Raum geben und sich weich machen
Ausgeben des Apportels	„Danke"		Raum halten und mit der Leine den Raum begrenzen

Tragen Sie Ihr eigenes Signal ein.

HABITUATION & SOZIALISATION

Gemeinsam die Welt entdecken

Dass Ihr Zwerg nun reizoffener wird, haben wir ja bereits besprochen. Der natürliche Bauplan Ihres Hundekindes fordert nun mehr Input. Die Sinne wollen sich entwickeln und der Geist will verstehen. Wir dürfen die Habituation und die Sozialisation nicht aus den Augen verlieren. Bitte sorgen Sie dafür, dass Ihr Hund Erfahrungen machen kann, immer im sicheren Rahmen der Leine. Notieren Sie Ihre Erlebnisse und auch Ihre Beobachtungen, wie Ihr Hund mit neuen Situationen umgegangen ist. Beschreiben Sie, was richtig toll war und halten Sie fest, wo es schwierig wurde (Seite 86).

Abenteuer

Die Welt mit einem Welpen zu erkunden, ermöglicht auch uns einen anderen Blick auf die Dinge. Es ist unsere Aufgabe, ihn vor Gefahren zu schützen und ihn anzufeuern, sich selbst auszuprobieren.

Fellpflege und die große Wäsche

Der Duft eines Welpen hinter den Ohren, Sie wissen es ja bereits, wäre eine Marktlücke für die Parfümindustrie. Was aber, wenn sich Ihr Welpe den Geruch von Fuchslosung oder Gänsedreck als Parfüm aufträgt? Und diese Leidenschaft gehört zum Hund leider mit dazu. Dann wird es Zeit für eine ordentliche Dusche. Meist stehen Hundebesitzer unerwartet und ohne jede Vorbereitung mit Ihrem Hundekind in der Dusche. Der stinkende Zwerg sträubt sich, da hineinzugehen, mag das Wasser nicht und stemmt sich mit seinen kleinen Welpenbeinen mit aller Entschiedenheit dagegen.

ÜBUNG

BÜRSTEN UND ABTROCKNEN

Wir üben das Waschen und die Fellpflege gerne, bevor es zu so einer Eskalationsstufe kommen kann. Manche Hunde lieben es, gebürstet zu werden, andere nicht so sehr. Da wir die Hunde sehr viel streicheln und ausmassieren, ist die Berührung zwischen dem Hund und mir ein fester Bestandteil des Tages. Ich finde dann heraus, mit welcher Bürste, also wie weich, mein Hund das Bürsten als besonders angenehm wahrnimmt und ritualisiere genau das. Ebenso das Duschen. Wir beginnen immer damit, dem jungen Hund erst einmal nur die Füße abzubrausen, sodass er nicht gleich unter Stress gerät, und nach dem Abtrocknen gibt es dann ein tolles Spiel und Schmusen. Wenn man das im Sommer draußen erledigen kann, wird es bald zu einem nützlichen und allseits beliebten Ritual. Gewöhnen Sie Ihr Hundekind früh daran, dass Sie die Pfoten kontrollieren, und sein Fell pflegen können. Und wenn es sich gebärdet wie der Zappelphilipp, dann sichern Sie es, fragen weniger und machen in freundlicher Ruhe und in Zeitlupe weiter. Nur so kann es lernen, dass Duschen und Fellpflege etwas sehr Wertvolles, Wichtiges und vor allem Wunderbares sind. Und dann können auch Sie wieder diesen unvergleichlich schönen Duft hinter seinen Ohren genießen.

Schwimmen, abtrocknen und im Bademantel aufwärmen, das gehört zu Abenteuern dazu.

ÜBUNGEN & TRAINING

Mit Freude spielerisch lernen

Warten lernen

Seit zwei Monaten lebt der kleine Wicht nun bei Ihnen und hat gewiss schon Ihren Lebensrhythmus umorganisiert. Sie merken, dass einfache Dinge, wie das Anziehen der Schuhe, der Weg zum Auto oder auch der gemütliche Abend im Garten ein anderes Tempo erfährt. Viele Situationen sind es, in denen Sie ein ungeduldiges Knäuel mit liebenswerten Hundeaugen am Ende Ihrer Leine finden und verspüren den Wunsch, nach und nach wieder zu Ihrem altgewohnten Rhythmus zurückzufinden. Da hilft nur eins: Der Knirps muss langsam aber sicher das Warten lernen.

Im Sitzen ist das Warten gar nicht so schwer.

ÜBUNG

SITZ

Das Sitz-Signal ist hierfür am besten geeignet. Das kann Ihr Hund aus der Ansprechbarkeit ableiten. Jedes Mal, wenn Sie Ihren Hund einladen und vor sich hinsetzen, dann sagen Sie nach dem Namen noch das „Sitz"-Signal. Sowie Sie feststellen, dass er es umsetzt, beginnen Sie auch schon mal, dieses Signal anzuwenden, wenn Sie sich die Schuhe zubinden, aus dem Haus gehen wollen, an der Straße stehenbleiben möchten oder sich mit jemandem kurz unterhalten. Kann Ihr Hund schon 30 Sekunden sitzen bleiben, dann ist das in diesem Alter gut. Fordern Sie langsam mehr und wiederholen Sie das Signal als Lobwort, damit Ihr Hund lernt, dass Gehorsam Spaß macht.

Die Leine, der sichere Raum

Ob bei dieser Übung oder auch bei anderen, es ist ratsam, die Leine am Hund befestigt zu haben. Die Leine gibt dem Hund einen sicheren Raum. Und diesen brauchen Sie ebenso, denn die Neugierde Ihres Schützlings ist bald unermesslich. Ihr Hund kann bei all dem Erproben seiner Kraft und Grenzen nicht auch noch die Verantwortung für das Einhalten unserer menschlichen Gesetze übernehmen. Das wäre zu viel verlangt. Erinnern Sie sich und bedenken Sie:

Raum halten und leinenführig sein sind die Grundpfeiler der Freiheit, ebenso wie die verbindliche Ansprechbarkeit.

In der Freiheit einen sicheren Raum,
im sicheren Raum die Freiheit geben.

Mit dieser Leine können Sie einen Raum um sich herum kennzeichnen. Hat Ihre Leine eine Länge von 1,20m, dann beträgt der Durchmesser Ihres Raumes 2,40 m. Das ist schon eine Menge Platz. Und da dieser Raum auch noch beweglich ist, reicht er erst einmal aus.

ÜBUNG

MIT RÄUMEN ARBEITEN

Teilen Sie diesen großen Raum in zwei Hälften. Eine links und die andere rechts von Ihnen. So sprechen wir nun von Ihrem linken und Ihrem rechten Raum. Zu Beginn der Arbeit mit der Leine darf der kleine Hund den ganzen Raum haben und wie ein Staubsaugerroboter um Sie herumkreiseln. Bald schon aber sollte er lernen, dass er Ihren Weg nicht kreuzt und auch nicht hinter Ihnen wechselt. Deshalb üben wir bereits in diesem Alter, in dem einen oder in dem anderen Raum zu bleiben. Tragen Sie die Leine in der rechten Hand, dann soll das Hundekind rechts von Ihnen gehen, und für links gilt das gleiche. Wir beginnen nun, langsam mit der Leine eine Grenze darzustellen, nennen wir es die Grenze seiner Heimat. Und mittendrin stehen Sie. Und Sie sollen das Zuhause Ihres Hundes sein, sein sicherer Ort, seine zweibeinige Komfortzone. Laden Sie Ihren Hund zu sich ein, rufen Sie ihn also mit seinem Namen zu sich, dann ist es, als würde er nach Hause in die Küche kommen. So bedienen Sie nun in Ihrem Kopf einen rechten Raum, einen linken Raum und vorne, der Raum in der ziehenden Hilfe, wenn Sie Ihren Hund einladen. Diese Struktur macht es Ihnen und Ihrem Hund sehr leicht, sicher durch den Alltag zu kommen.

DIE SPUR BEGINNT IM KOPF DES MENSCHEN

Sie merken, dass ich nun erst an Ihrer räumlichen Wahrnehmung und Ihrem räumlichen Empfinden arbeiten möchte, bevor wir diese Räume Ihrem Hundekind erklären. Hunde kommunizieren über räumliches Ausdrucksverhalten in der Intensität, wie wir Menschen über akustische Sprache, Wörter und Synonyme kommunizieren. Das räumliche Denken lernen wir Menschen häufig erst wieder durch den Umgang mit unserem Hund. Es ist ein großer Gewinn für uns, und genau hier haben wir den Startpunkt dazu gesetzt.

Leinenführigkeit

Die Leine hat demnach zwei Enden. Das eine bedient Ihr Hund, das andere bedienen Sie. Führen Sie die Leine mit einer stehenden Hand. Das ist der erste Schritt, um Leinenführigkeit zu schulen. Das bedeutet, dass Sie lernen, weder zurückzuziehen noch nachzugeben, sondern den Druck, den Ihr kleiner von Neugierde getriebener Welpe auf das Halsband gibt, einfach zu halten.

Das Lob ist bei der Leinenführigkeit elementar. Jedes „Nach-innen-Kommen" wird aktiv gelobt.

ÜBUNG

LEINENFÜHRIGKEIT

Ihr Hundekind befindet sich z. B. in Ihrem rechten Raum. Stellen Sie sich diesen Raum wie einen Bilderrahmen mit vier Kanten vor. Die Fehlermöglichkeit ist enorm. Er kann an jeder Kante fragen, ob er die Grenze verlassen und hinausdrängen kann. Das ist völlig normal. Würden Sie ihm nun jede einzelne Kante, also jeden Fehler direkt mit Kritik erklären wollen, dann könnte er ja fast nichts richtig machen. Darum suchen Sie sich erst einmal nur eine Kante, die Sie ihm erklären und verwalten, bei den anderen bleibt Ihre Leinenhand einfach stehen. Wenn Sie einen Welpen haben, der immerzu nach vorne drängt und an der Leine zieht, dann arbeiten Sie hier die Störbarkeit, so, wie oben beschrieben („Nein, nein, nein", Leine ausschütteln, wenn er schaut, einladen und loben). Vielleicht haben Sie aber auch einen jungen Hund, der gar nicht nach vorne zieht, sondern nach hinten. Dann üben Sie vorsichtig die Störbarkeit an dieser Kante und aktivieren den Zwerg, nach vorne zu kommen. Bedenken Sie, dass bei Hundekindern die Entwicklung in Turbogeschwindigkeit vorangeht und eine Situation tatsächlich nur eine Momentaufnahme ist. Haben Sie Geduld mit den anderen drei Kanten und überfordern Sie Ihren Hund nicht. Aktivieren Sie ihn, die Grenze seiner Heimat zu respektieren und gerne zu Ihnen nach Hause zu kommen.

Bindungsarbeit – ich will dein Zuhause sein

So wie in meinem Herzen, so wohnt vielleicht auch in Ihrem Herzen der tiefe, warme und klare Wunsch, das Zuhause des eigenen Hundekindes werden zu wollen. In dieser Zeit haben wir uns bereits aneinander gewöhnen können und wir sind dabei, uns kennenzulernen. Wir entdecken gemeinsam diese sechsbeinige Welt, beginnen einander zu vertrauen und uns aufeinander einzustellen. Es entsteht in dieser Zeit etwas Besonderes, etwas das kostbarer wiegt, als alles, was man mit Geld kaufen kann: Bindung!
Es ist mehr als reine Zuneigung, als ein Niedlichfinden oder ein Brutpflegebedürfnis. Es entsteht gleichermaßen auf beiden Seiten, denn Bindung ist keine Einbahn-

straße. Genauso, wie Ihr Hundekind eine Sehnsucht nach Ihnen entwickelt, so spüren auch Sie das Verlangen, Zeit und Nähe mit diesem kleinen vierbeinigen Freund zu verbringen. Es ist noch eine junge, zarte Pflanze, diese Bindung. Sie braucht noch viel Pflege und Schutz, eben noch viel Bindungsarbeit. Dennoch erleben Sie in dieser Zeit immer wieder Momente, in denen Ihr Hund Ihnen Komplimente macht, Ihre Nähe sucht und sich kleine wundervolle Rituale des Glücks zwischen Ihnen beiden breit machen.

Behalten Sie diese Bindungsarbeit als oberstes Ziel auf Ihrem Stundenplan und setzen Sie alles daran, um Bindungsrituale zu entwickeln.

WAS GEHÖRT ZUM BINDUNGSAUFBAU?

Kontakt, körperliche und geistige Nähe, Sicherheit, Schutz, Komfortzonenverhalten wie soziale Fellpflege, Spiel und gemeinsames Ruhen, ein sicherer Rahmen und Raum, eine immerzu freundliche Ansprache, ein klares und verständliches Regulativ, ein promptes und positives Feedback auf Bindungsangebote. Das liest sich wie ein Einkaufszettel, enthält jedoch die Zutaten, die Sie als Glücksschmied für die Grundlage einer stabilen Beziehung brauchen. Im Alter vom vierten bis sechsten Lebensmonat sollten Sie weniger an der äußeren Haltung Ihres Hundes trainieren, sondern vielmehr Ihre Zeit und Energie in den Aufbau einer stabilen Bindung, eines stabilen Zugangs und einer belastbaren Beziehung investieren. Investieren Sie Ihre Zeit in die innere Haltung, in den lachenden, positiven und von Grund auf fröhlichen Hund. Bedenken Sie, dass in dieser Zeit nicht nur der Körper und der Geist Ihres Hundekindes unfassbar viel leisten muss, sondern dass auch sein Herz enorm wächst. Füllen Sie dieses Herz mit Liebe, Zuversicht und tiefem Vertrauen.

Das absolut wichtigste Training ist und bleibt das Bindungstraining. Ein Hundeleben lang!

ÜBUNG

FEHLER VERMEIDEN

Die Bindungsarbeit ist der elementare Teil Ihres Trainings und Alltagsprogramms. Bevor Sie darüber nachdenken, ob Sie Ihrem Hund etwas verbieten können, versuchen Sie ihn mit dem Namen zu orientieren und ihm damit aus der Patsche zu helfen. Nutzen Sie jeden Moment, um Ihren Hund zu liebkosen und mit ihm zu spielen. Erkennen Sie seine Bindungsangebote und gehen Sie darauf ein. Geben Sie ihm immer mal wieder einen Pausenschmaus, streicheln Sie ihn und sagen Ihren konditionierten Lockruf. Verletzen Sie dieses Bindungssystem nicht mit Alleinlassen, falschem Ehrgeiz oder mit strafendem Verhalten, wenn Ihr Hundekind einen Fehler gemacht hat. Geben Sie Ihrem jungen Hund räumliche Orientierung und einen sicheren Rahmen, denn nur so kann das kleine Raubtier am Ende Ihrer Leine Ihre menschliche Welt verstehen und lernen, sich adäquat zu verhalten. Durch gezieltes Fehlervermeiden wird das Lernverhalten positiv angelegt und das Konto der Kritik bleibt stets in den schwarzen Zahlen.

Alleinsein und Sauberkeit

Es ist das schwierigste Thema im Leben eines Hundes. Die Natur der meisten Hunde sieht nicht vor, dass sie allein sind. Als Rudeltier kann das Alleinsein gerade für Jungtiere eine maximale Bedrohung darstellen. Die Spanne reicht von tiefer Trauer und schlimmster Not bis hin zur Zerstörungswut. Alleinsein muss geschult und langsam mit viel Feingefühl entwickelt werden, damit es nicht zu ritualisiertem Fehlverhalten führt. Ihr Wunsch, einen Hund in Ihrem Leben aufzunehmen, beinhaltet auch die Verantwortung dafür, dass dieser Teil des Lebens trainiert und organisiert wird. Wenn Sie kein Familienmitglied haben, das sich um Ihren Hund kümmern kann, während Sie arbeiten gehen, dann sollten Sie für eine Art Tagesbetreuung sorgen, bei der Ihr Hund nach Ihren Vorstellungen betreut und versorgt wird. Ist Ihr Hund einmal erwachsen, stabil im Bindungssystem und hat das Warten gelernt, dann kann er ohne Probleme auch einmal ein paar Stunden allein sein und wird in dieser Zeit vermutlich schlafen.

Dieser Hund ist abgelenkt. Über die Ansprechbarkeit wird er zu seinem Menschen orientiert.

DO

- Fluten Sie Ihr Hundekind mit Liebe. Das ist gewiss das wichtigste Do!
- Halten Sie es nach wie vor viel an der Leine und geben ihm viel Sicherheit.
- Trainieren Sie den Dialog und arbeiten Sie am Bindungssystem, an der Lobbarkeit und bleiben Sie mit ihm in einem sicheren, überschaubaren Rahmen.
- Gestalten Sie Kontakte mit freundlichen Hunden und richten Sie Hundefreundschaften ein.

DON'T

- Zu den Don'ts gehören: unkontrollierbarer Freilauf,
- übergriffige Hundebegegnungen,
- ungeschultes Alleinlassen,
- Strenge und
- Ungeduld.

Spielverhalten ist Komfortzonenverhalten und gehört zum Bindungstraining.

ÜBUNG

ALLEIN BLEIBEN

Wir trainieren das Alleinsein mithilfe der Transportbox, denn sie gibt dem jungen Hund einen sicheren geschützten Raum.
Als Sie Ihren Hund vom Züchter abgeholt haben, hatten sie eine Box dabei. Zudem haben Sie die Box wie im ersten Kapitel beschrieben für das Autotraining und für die Fütterungen genutzt und als Ritual eingeführt. Sie haben auch bereits geübt, dass Ihr Hund, während Sie im Raum sind, in der verschlossenen Box bleiben und einen Knochen nagen kann. Vielleicht ist diese Box auch das Nachtlager Ihres Welpen. Sie benutzen diese Box als Trockenraum nach dem Füßeduschen und Ihr Hund weiß, dass dieser Ort ein leckerer, sicherer und gemütlicher Raum ist, fast wie ein eigenes Zimmer. Nun verwöhnen Sie Ihren Lieblingswelpen mit einem leckeren Knochen in dieser Box, schließen die Tür und begeben sich in den Nachbarraum. Von hier können Sie jeder Unruhe oder auch Not sofort adäquat begegnen und Ihren Hund unterstützen, zur Ruhe zu kommen. Verlängern Sie nach und nach die Zeit, in der Sie für Ihren Knirps nicht sichtbar sind. Begegnen Sie ihm ruhig und ohne Aufregung, wenn Sie ihn wieder aus der Box lassen, bringen Sie ihn dann direkt zur Hundetoilette in den Garten und wagen Sie erst danach ein kleines Spielchen. Diese Box soll für Ihren Hund ein Raum sein, der mit Ruhe und Sicherheit assoziiert wird. Und das Wartenlernen innerhalb der Box wird mit einem leckeren Knochen auch noch zum puren Vergnügen. Auf diese Weise schulen Sie gleich zwei enorm wichtige Voraussetzungen für ein tolles und harmonisches Miteinander: das Warten und Alleinsein lernen sowie die verbindliche Stubenreinheit.

Das räumliche Ausdrucksverhalten erkennen

Nun haben wir bereits einiges über die Räume gelernt und können sie auch definieren: den rechten, den linken Raum und den vorderen Raum, den wir als die Küche, also das Zuhause bezeichnen.

ÜBUNG

HUND BEOBACHTEN

Nun üben wir das räumliche Ausdrucksverhalten des kleinen Hundes zu erkennen: Während Sie mit Ihrem Hund an der Leine beispielsweise eine Runde durch den Garten gehen, schauen Sie ihn an und zählen einfach einmal, wie häufig er zu Ihnen, nach innen schaut, also zugewandt ist, und wie häufig er nach außen schaut, also abgewandt ist.

Auf der zweiten Runde beginnen Sie jedes Mal, wenn Ihr Hund nach innen schaut, ihn aktiv zu loben, so lange, bis das Lob angekommen ist. Dann gehen Sie weiter. Sie geben Ihrem Welpen also jedes Mal, wenn er Kontakt zu Ihnen aufbaut, ein positives Feedback.

In Runde drei können Sie dann zusätzlich noch jedes Nach-vorne-Drängen an der Leine mit einer kleinen Störung markieren. Protokollieren Sie dieses Training und lernen Sie konsequent, auf die Angebote, die Ihr wunderbares Hundekind Ihnen macht, positiv zu reagieren. Sie werden sehen: Glück schmieden macht unendlich Spaß.

5 Tipps für den Alltag

1. Halten Sie einen Zeitplan für Rituale ein, wie z. B. Fütterung, Auslastung, Spiel und Schmuseeinheiten.
2. Arbeiten Sie mit einer Uhr und achten Sie immer auf kurze Trainingseinheiten von 2–5 Minuten.
3. Behalten Sie die Leistungskurve im Blick und führen Sie aktiv Pausen herbei.
4. Sorgen Sie für ausgiebige Ruhezeiten, gerne auch gemeinsam.
5. Üben Sie, die Räume zu erkennen und einzuhalten. Rechter Raum, linker Raum, und vorne ist die Küche.

ÜBUNG

ANSPRECHBARKEIT

Arbeiten Sie die Ansprechbarkeit häufig und kurzweilig. Nehmen Sie sich immer wieder zwischenrein vor, Kontakt zu Ihrem kleinen Liebling aufzunehmen. Egal, wo Sie in Ihrer Wohnung sind. Beobachten Sie sich selbst in Ihrer Erwartung. Sagen Sie den Namen nur als Taschenanruf oder haben Sie ein wirkliches Interesse, mit Ihrem Hund in direkten positiven Kontakt zu treten?

ÜBUNG

SPIEL UND KOMFORTZONENTRAINING

Spielen Sie, so oft es geht, liebevolle und auch lustige Spiele. Überreizen Sie Ihren Hund nicht und treiben Sie nicht das Spiel bis auf die Spitze. Spielen ist nut so lange, solange man es jeden Moment beenden kann. Alles andere kann einen Suchtcharakter oder auch eine toxische Stimmung nach sich ziehen oder zu einem übertriebenen Verhalten führen. Körperkontakt, Herzschlag, Wärme und Geborgenheit sind die Zutaten zum Glück, die ein kleiner Hund benötigt.

Spielen bedeutet gemeinsames Glück.

Orientierung geben bedeutet Bindung.

ÜBUNG

RUHE

Ihr kleiner Hund braucht Zeit zum Wachsen, Ruhe und einen stabilen Rahmen. Welpen schlafen a) sehr tief und fest und b) sehr viel. Und diese Ruhezeiten sollte man seinem Hund unbedingt einräumen und organisieren. Es ist an Ihnen, auch einfach mal den Ausschalter zu drücken und auf Ruhe zu bestehen. Sich nicht ständig anregen zu lassen und auf jeden Pieps einzugehen. Führen Sie ritualisierte Ruhephasen ein, z. B. immer nach dem Füttern, immer nach dem Spaziergang, immer nach …

ÜBUNG

RAUM HALTEN

Das räumliche Denken, Räume verwalten und dem Hund Räume einteilen und zeigen ist für das gesunde Großwerden und den gelungenen Dialog entscheidend. Verschaffen Sie sich immer wieder einen Überblick, und arbeiten Sie ruhig und langsam innerhalb eines sicheren Raumes.

FAQ MIT ANNE

Was mache ich, wenn mein Hund ...

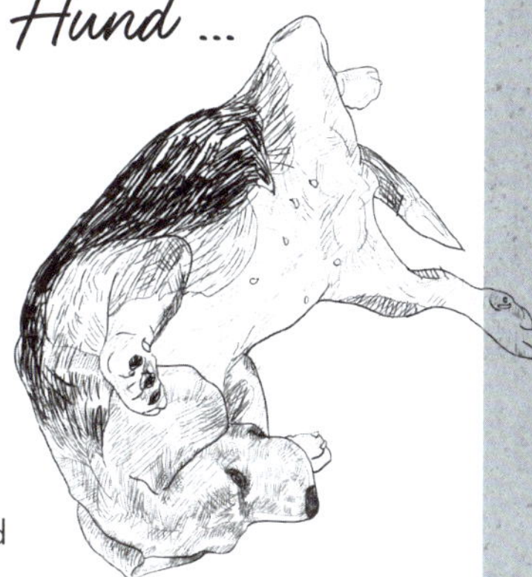

... immer in die Leine beißt?

... mich ständig anspringt?

... nach meinen Füßen schnappt?

... alles zernagen möchte?

... anfängt, bei Besuch zu bellen?

Dies sind die ersten Schritte in ein enthemmtes Verhalten. Genau hierfür arbeiten wir in Ruhe und ohne Wut die Störbarkeit.

Sie lernen nun, den Raum zu halten und mit der Leine zu begrenzen und Plan A/Plan B zu arbeiten, um Ihren Hund im Fehlverhalten über die positive Orientierung, also seinen Namen, aufzuwecken, bzw. bei mangelhafter Erreichbarkeit zu unterbrechen.

Stellen Sie sicher, dass Sie und Ihr Hund lernen, im Fehlverhalten positiv miteinander umzugehen. Geben Sie ihm Orientierung und bestehen Sie darauf, dass er sich orientiert. Das ist ein wunderbar einfaches, aber sehr klares Konzept, mit dem Sie der natürlichen Entwicklung Ihres Hundes begegnen können.

All diese hier aufgezählten Fehler macht Ihr Hund nur, weil er ein Hund ist. Fast jeder Hund probiert dies oder das einmal aus. Und es ist an uns Menschen, dem mit Empathie und Geduld ebenso wie mit einer klaren Spur zu begegnen.

Notizen

Meine Fragen

Arbeiten Sie hier aktiv in diesem Trainingsbuch und notieren Sie sich die Fragen Ihres Alltags, beschreiben Sie, was schon richtig gut läuft und auch das, wo es noch klemmt.

Notizen

Meine Erlebnisse

Meine To-dos

Meine Trainingsziele

Meine Fragen

Der Blick nach vorne

- Die Zahnfee ist der Vorbote einer hormonellen Veränderung Ihres Hundes.
- Ihr Hundekind verlässt die kindliche Phase seiner Entwicklung und wird zu einem Jugendlichen.
- Es ist die Zeit, in der die Ohren zu groß sind, der Kiefer sich verlängert, die Beine nicht zum Körper passen.
- Zum Ausgleich sieht das Fell struppig und ungeordnet aus und die innere Haltung besticht durch ein Ungleichgewicht. Jetzt steht die Pubertät vor der Tür.
- Und die ist eine fantastische Lebensphase, denn wir lernen unseren kleinen Hund noch einmal neu kennen. Freuen Sie sich auf das, was vor Ihnen liegt.

Aus dem Nähkästchen

WHISKEY

Aus unserem Alltag Er ist immer und überall dabei. Er frisst und verträgt alles. Unser liebstes Ritual ist die Fütterung in seiner Kudde (verschließbarer Stoffkennel). Wenn er sieht, dass ich den Napf in die Hand nehme, beginnt er, neben mir Pirouetten zu drehen, sich auf zwei Beine zu stellen und mit den Vorderpfoten zu winken. Dann sage ich: „Wo ist deine Kudde?" Und er saust wie ein Wirbelwind durch die Wohnung und überschlägt sich fast vor Hundeglück. Ich höre mich jedes Mal quietschen vor Freude. Ich glaube, wir haben beide gleichermaßen viel Freude an diesem Ritual. Inzwischen kann er nach dem Fressen ein kleines Weilchen in der Kudde bleiben und schlafen, ohne dass ich in der Nähe bin.

Was er gut kann Er läuft toll an der Leine, bleibt im linken oder rechten Raum. Sein Spielverhalten ist großartig. Er hat sehr viel Freude am Apportieren weicher Gegenstände. Er saust durch jede Pfütze und tobt sehr selbstbewusst mit den anderen Hunden. Er scheint ein Herz mit weißem Plüsch zu sein.

Was ich beobachten/managen muss Seine Zähne machen etwas Probleme, da die Milchzähne nicht so schnell rausfallen, wie die bleibenden nachkommen. Ich muss das gut beobachten. Er gibt sich immer noch nicht viel Mühe mit der Stubenreinheit. Da muss ich aufpassen wie ein Luchs.

Seine Art Er macht es mir sehr leicht, Bindung aufzubauen, und er zeigt sich ebenso kontaktfreudig bei anderen Menschen. Aufgrund seiner Größe muss ich auf der Hut sein, dass er nicht unter die großen Hunde oder unter meine Füße gerät. Er liebt es, im Hunderucksack überall dabei zu sein und genießt die ausgiebigen Streichel- und Schmuseeinheiten. Er hat Witz und sein Ausdrucksverhalten äußert sich durch ein sehr aktives Maul, Zugewandtheit und eine ständig wedelnde Rute. Er ist eine Glückskugel.

Aus dem Nähkästchen

JUICE

Aus unserem Alltag Ihre Verdauung wird langsam stabiler. Sie ist immer wieder ernst und ruhig. In der Zahnung machen ihre Ohren, was sie wollen. Mal stehen sie, mal kippen sie in alle Himmelsrichtungen. Die Zahnung ist absolut unkompliziert. Sie ist immer unaufdringlich, sucht aber meine Nähe.

Was sie gut kann Sie lässt sich nun zuverlässig zum Spielen motivieren. Die Leinenführigkeit hat sie gut verstanden. Sie ruht viel und hat keine Probleme damit, einfach mal irgendwo allein auf mich zu warten.

Was ich managen muss Sie zeigt nun im Spiel mit den anderen Hunden Hüteverhalten. Das ist für ihre Ausbildung unerwünscht. Es würde ihr freies Leben einschränken, wenn sie ständig Hunde hütet. Also lasse ich sie mit der Hundegruppe nicht mehr frei laufen. Ich weiß, dass sobald der Hütetrieb an der Herde entfaltet wird, sie ihn nicht mehr zwanghaft an Hunden ausleben muss. Ich kann es ihr nicht verbieten, nur verhindern. Und dazu benötige ich die Leine, an die sie dann kommt, um dieses Verhalten zu umgehen.

Ihre Art Sie wirkt oft etwas festgehalten, sehr ernst, hat wenig Maulaktivität und wedelt selten. Sie fixiert sich schnell auf Bewegungsreize. Sie ist auch nicht sehr bindungsoffen, und ich muss mich sehr um sie bemühen. Sie hat recht wenig Interesse an fremden Menschen oder Hunden. Ihr introvertiertes Auftreten gibt mir die Aufgabe, sie immer wieder anzusprechen und zum Spiel zu aktivieren. Ich bin mir sicher, dass das Training an den Schafen sie noch einmal verändern wird, aber derzeit ist sie noch zu jung dafür. Juice braucht sehr viel positive Energie, um aus ihrem Schneckenhaus zu kommen, und ich habe sie fast immer an der Leine bei mir, um ihr Halt und Orientierung zu geben. Mein Leitsatz: „Loben bis das Lob wirkt" ist bei ihr ein zentrales Thema, damit sie sich zu einem lachenden Hund entwickeln kann.

Aus dem Nähkästchen

JODA

Aus unserem Alltag Er ist hier angekommen. Er hat sein Heimweh überwunden, schläft nachts durch. Er schafft noch keine drei kleinen Spaziergänge am Tag. Seine Knochen wachsen wie verrückt. Das nimmt ihm alle Kraft. Er braucht unfassbar viel Schlaf und ausgiebige Ruhezeiten nach den Mahlzeiten. Seine Verdauung wird langsam stabiler. Er schließt sich besonders unserem anderen Herdenschutzhund Gandalf an. Er braucht einen fest ritualisierten Tagesablauf, wahnsinnig viel Körperkontakt und Geschmuse. Er ist unfassbar witzig in allem, was er tut.

Was er gut kann Er ist sehr bemüht, sauber zu sein und orientiert sich richtig gut an den Menschen. Er ist immer freundlich und wedelig.

Was ich managen muss Fremden Menschen und Hunden gegenüber kann er eine Spannung entwickeln, der wir direkt mit Ansprache und Orientierung begegnen. Sein Sozialverhalten enthält deutlich mehr Aggressionspotenzial als bei den anderen Hunden, was sich durch spontane Gegenwehr ausdrückt. Es fällt ihm schwer zu verstehen, dass er einem anderen Hund auch aus dem Weg gehen kann. Solche Situationen werden von uns gecoacht, damit er eine Chance hat, zu lernen, Raum zu geben und zu deeskalieren.

Seine Art Er ist sehr um Bindung bemüht und versucht, meine Nähe zu bekommen. Wenn er frei auf dem Hof ist, gesellt er sich gerne zu unserem Pyrenäenberghund und übt den Molosser Move. Völlig entspannt liegen die beiden Seite an Seite und schauen in die Gegend. Er hat ein waches Auge, es entgeht ihm nichts. Sein Ausdrucksverhalten zeigt eine fast immer wedelnde Rute, viel Maulaktivität, und einen weichen Körper. Er setzt schnell seine Stimme ein, wobei er Töne von Gurren über Knurren bis Bellen und Jaulen von sich gibt. Er lernt sehr schnell und lässt sich wirklich gut orientieren.

Aus dem Nähkästchen

LUNA

Aus unserem Alltag Ihr Bindungssystem hat stabile Wurzeln geschlagen. Wir haben sie überwiegend an der Leine und arbeiten sehr viel über Lobrituale, Körperkontakt, körperbezogenes unterlegenes Spiel und dem Apportieren. Sie lässt sich in ihrem Kotfresserwahn sehr gut über die Ansprechbarkeit lenken. Sie kann großartig warten und bleibt auch schon für kurze Zeit allein.
Sie ist fast sieben Monate alt und wir beginnen mit dem Sportprogramm. Die Gewöhnung an das Fahrrad war sehr leicht, doch das Spurhalten während der Fahrt macht ihr noch etwas Mühe. Kurze Strecken in reizarmem Ambiente helfen ihr, das zu verstehen.

Was sie gut kann Sie lässt sich sehr gut führen und ist nun nicht mehr zu 80 % nach außen gewandt, sondern uns zu 100 % zugewandt. Ihre weiche und freundliche Zugewandtheit ist ihr Vermögen. Sie macht aus jeder Situation das beste. Sie hat den Universalschlüssel zu den Herzen der Menschen. Sie ist die, die immer lacht und sie teilt ihre Freude gerne. Sie ist sehr bindungsoffen und bereit, sich Menschen anzuschließen. Sie sperrt sich nie, kann aber hyperaktiv reagieren.

Was ich managen muss Sie hat einen stark ausgeprägten Jagdtrieb, den wir beginnen müssen zu orientieren. Das bedeutet, dass sie lernen muss, auch in Anwesenheit von Rehen prompt auf ihren Namen zu reagieren.

Ihre Art Wir üben die Ansprechbarkeit häufig und in allen Situationen. Ich warte, bis sie sich nach außen orientiert und sage dann leise ihren Namen. Sie reagiert prompt auf sensible Störungen, wodurch ich sie gut orientieren kann, und es ist leicht, sie im Spiel zu aktivieren. Ihre Konzentrationsfähigkeit ist zeitlich noch recht eingeschränkt. Ich übe selten länger als ein bis zwei Minuten mit ihr und lasse sie dann in die Pause, um später erneut zu üben. Das hilft ihr enorm ihre Leistungskurve zu entwickeln.

24.–32. Woche

„In einer glücklichen Beziehung kannst du nichts falsch machen, in einer unglücklichen kannst du nichts richtig machen."

PLÖTZLICH JUNGHUND

Die Flitterwochen sind vorbei

Ein halbes Jahr ist er nun alt. Egal wie groß oder klein er ist, er wird sich in Ihrem Herzen eingenistet haben. Hoffentlich. Denn der Wandel dieser Hundekinder hat seine eigene Dynamik und auch sein individuelles Tempo. Sie haben sich für einen Hund entschieden, als Sie sich einen Welpen angeschafft haben. Nun werden Sie sich langsam bewusst, dass es ein Hund wird. Mit all dem, was zu einem Hund dazugehört. Sie werden nun mehr und mehr gefordert, Sie brauchen ein gutes Management und einen guten Überblick. Und ganz ehrlich, diese Lebensphase, in die wir nun hineinwachsen, ist die amüsanteste, die liebenswerteste, aber auch die unsteteste überhaupt. Hundekinder großer Rassen haben oftmals Wachstumsschmerzen, Hundekinder kleiner Rassen schon mal Probleme mit dem Zahnen. Hundekinder mittlerer Rassen haben vielleicht weder das eine noch das andere, dafür aber viele Hummeln im Hintern. Es ist wie im echten Leben, die Flitterwochen sind so wunderbar, aber eines Tages sind sie vorbei. Und freuen Sie sich darauf, was dann kommt.

Meist verläuft die Zahnung komplikationslos, dennoch sollte man das Gebiss kontrollieren.

Die Zahnkontrolle und das Beißholz

Die Zahnfee kommt nun regelmäßig. Nun schwillt der Kiefer Ihres Hundes mächtig an, denn da wollen 42 neue Zähne wachsen, und das in wenigen Wochen. Sie ahnen, dass es hier und da Empfindlichkeiten geben kann. Die können sein: Kopfschmerzen, Wachstumsschmerzen, Kieferschmerzen, Verdauungsstörungen, Fressblockade, Appetitlosigkeit, Abgeschlagenheit usw. Nehmen Sie einfach Rücksicht und trösten Sie Ihren kleinen Schatz. Die Zahnung ist ein großer Prozess im Hundekörper, der durch einen hormonellen Wandel ausgelöst wird. Sie ist der

Mit der Zahnung verändert sich der ganze Hund. Eine Zeit, in der plötzlich alles anders sein kann.

Vorbote der Fruchtbarkeit und raubt dem Körper unglaublich viel Kraft. Bei spitzohrigen Rassen kann es sein, dass die Hunde während der Hauptzahnphase noch nicht mal mehr die Ohren aufstellen und diese kraftlos kippen. Keine Sorge, die kommen schon wieder hoch wie Satellitenschüsseln, sie brauchen nur wieder freiwerdende Kalziumkapazitäten, die gerade für den Zahnwechsel restlos aufgebraucht werden. Bitte kontrollieren Sie alle paar Tage das Gebiss, und sollten Sie unsicher sein, ob alles nach Plan läuft, dann suchen Sie einfach Ihren Tierarzt auf.

Bedenken Sie, dass Ihr Schützling jetzt ständig sein Zahnfleisch massieren möchte. Geben Sie ihm Knochen und Dinge, auf denen er herumbeißen darf. Das schont auch Ihre Inneneinrichtung.

Der erste Zahn

HORMONELLER WANDEL

Der Reifeprozess beginnt

Es ist der Beginn der Pubertät, ganz leicht, ganz mild, ganz unscheinbar. Zum eigentlichen Pubertier werden die meisten Hunde erst im nächsten Kapitel, nämlich mit 7–8 Monaten. Aber Sie spüren auch jetzt schon einige Veränderungen. Auf der einen Seite wird Ihr Hund vernünftiger, lernt konzentrierter und versteht nun auch, sich an die eine oder andere Hausregel zu halten. Auf der anderen Seite erwächst auch eine neue Kraft in seinem bereits starken Körper, die er gerne ausprobieren möchte. Die Reizoffenheit nimmt zu und fühlt sich an wie auf einem Höhepunkt, denn das Maß des Interesses an der Umwelt steht noch in keinem günstigen Verhältnis zu der inneren Kontrollierbarkeit. Er wird Sie hier und da überraschen. Und damit diese Überraschungen in einem sicheren Rahmen bleiben, Sie ahnen es bereits, bleibt Ihr kleiner Dreikäsehoch gerne noch ein wenig an der Leine. Damit können Sie gezielt schwierige Situationen absichern und Konflikte ebenso wie ein verkehrtes Lernmuster verhindern.

Reizoffenheit

Ihr Hund wird nun deutlich nach außen orierentiert sein, seine Reizoffenheit wächst, die Fragen werden konkreter, seine Bedürfnisse werden größer.

MEHR NAHRUNG

Sie füttern bitte weiterhin dreimal täglich und passen die Ration der Figur Ihres Hundes an. Bitte halten Sie ihn sportlich schlank, das heißt, die Taille und der Rippenbogen sollten klar erkennbar sein. Setzen Sie auf Klasse statt Masse und versorgen Sie Ihr kleines vierbeiniges Kraftwerk mit den besten, ursprünglichsten und wertvollsten Nahrungsmitteln, die man füttern kann. Er braucht jetzt die richtige Unterstützung, um die letzte große Wachstumsphase zu vollenden.

MEHR TRIEB

Die Triebentwicklung kann bei einigen Hunden, die eine triebstarke Genetik besitzen, explosionsartig sein. Jetzt wollen sie nicht mehr im Bau sitzen und die erlegte Beute zerlegen und alles zerstören, jetzt wollen sie selbst auf Jagd gehen, denn ihr Körper will sich beweisen. Das gibt ihnen Mutter Natur so vor. Sie, als der Erziehungsberechtigte, haben allerdings andere Vorstellungen von den Tätigkeiten im Alltag, und dazu gehören weder Katze noch Eichhorn noch Autos jagen. Und wieder spüren Sie, dass, solange Ihr Liebling nicht zuverlässig auf seinen Namen hört, die Leine zwischen Ihnen und dem Hund eine Lebensversicherung ist. Mehr noch, sie schützt die gegenseitige Beziehung, denn es kommt nicht zu Misstrauen, Enttäuschung

Und plötzlich interessieren ihn ganz andere Dinge, zum Beispiel Nachbars Katze.

Für eine gesunde Auslastung sorgt lockeres Fahrradtraining. Drei Kilometer am Tag bei 9–12 km/h.

und Kontrollverlust. Haben Sie Geduld. Ihr kleiner Hund muss erst lernen, immer und zu 100 % auf Sie zu hören, bevor die Leine gegen das freie Leben eingetauscht wird.

HORMONELLE ENTWICKLUNG

Die hormonelle Entwicklung ist von Rasse zu Rasse und von Individuum zu Individuum unterschiedlich. Manche sind frühreif, andere lassen ewig auf sich warten. Auch das ist natürlich und die Natur weiß, wann was an der Reihe ist. Haben Sie einen kleinen Rüden, dann kann es schon mal passieren, dass dieser plötzlich aus Versehen das Bein hebt. Nicht jeder Bub kann das aus dem Effeff und so manch einer ist dabei auch schon mal umgekippt. Er wird es in Zukunft fleißig üben. Aber bitte nicht an jedem Grasbüschel, Vorgarten oder Mauerecke. Gerne können Sie das bereits zu Beginn eindämmen und üben Sie von vornherein, dass er bitte, wenn er schon im Stehen pinkeln will, doch dazu auf die Toilette geht. An anderen Markierungsmöglichkeiten lotsen Sie ihn im Rahmen des Raumhaltens vorbei. Mit dieser hormonellen Entwicklung überprüfen Sie bitte, oder lassen es Ihren Tierarzt tun, ob beide Hoden richtig aus dem Bauchraum abgestiegen sind. Da gibt es bei Hunden hier und da mal Schwierigkeiten. Es ist kein Drama, wenn hier biologische Fehler passieren und ein Hoden oben bleibt. Dann wird er bald operativ entfernt, damit er nicht im Bauchraum überhitzt. Ihr Hund kann dennoch ein toller und starker Hund und bester Gefährte werden.

Ein weiteres Thema bei kleinen Rüden kann sein, dass sie ständig aufreiten wollen. Das kann bereits ein Üben des Fortpflanzungsverhaltens sein, es kann aber auch ein versuchtes Dominanzaufreiten werden. Plötzlich klammert sich Ihr kleiner Rüde an Ihr

Bein und wippt dabei rhythmisch mit der Hüfte. Sein Blick wird etwas weltentfremdet wirken, Ihr Blick hingegen überrascht bis empört. Nein, das wollen Sie nicht, und nein, das brauchen Sie auch nicht zu dulden. Und ja, es kann zu einer sehr peinlichen, ritualisierten Handlung werden, die nicht in die Beziehung zwischen Mensch und Hund passt. Dennoch ist es in der Natur der kleinen Raubtiere, es zu versuchen. Und wenn es nicht Ihr Bein ist, dann kann es ein Kissen, ein Stofftier oder die brave Katze erwischen. Stopp. Hier dürfen Sie das Verhalten umgehend durch etwas Raumfordern unterbrechen und darauf bestehen, dass Ihr Bub das sofort unterlässt. Auch diese Regeln kann ein junger Hund schnell begreifen und sie würden auch in einem echten Rudel sehr spontan geklärt. Bei Hündinnen kann es passieren, dass sie bereits in diesem Alter läufig werden. Passen Sie bitte auf beide, den Bub und das Mädel, auf, damit Sie die hormonelle Veränderung gut im Blick haben. Und lassen Sie sich von Ihrem Tierarzt in Bezug auf Verhütung, Kastration und hormonelle Unterstützung gut beraten.

MEHR BEWEGUNG

Wir beginnen in diesem Alter tatsächlich bereits mit der frühkindlichen Sporterziehung. Das bedeutet, dass wir die jungen Hunde zum Beispiel an das Fahrrad gewöhnen. Ein langsames Geradeauslaufen bei 9 km/h ist in der Tat eine sehr gesunde Bewegung für Jung und Alt. Geht es doch in dieser Lebensphase eher um die Habituation zum Fahrrad und Sozialisation in Bezug auf die Wegstrecke, steht das Spurhalten und die entspannte Geradeausbewegung absolut im Vordergrund. Wir legen hier das Fundament für gesunde, leistungsstarke Hunde. Haben Sie einen Hund einer Zwergrasse, dann können Sie ohne Probleme einen Rucksack oder einen Fahrradkorb zur Hilfe nehmen, um den Knirps unkompliziert überall hinzutransportieren und trotzdem hier und da mal ein paar Meter am Rad joggen zu lassen. Bei Hunden großer Rassen sollten Sie konsequent langsam fahren und bei Hunden, die nicht als Laufhund auf diese Welt gekommen sind, können Sie auf Nordic Walking umsteigen, um ein erhöhtes Lauftempo, Laufpensum und eine gesunde Kondition zu entwickeln.

MEHR KOGNITIVE ANSPRACHE

Ihr Hund braucht jetzt nicht nur mehr in den Napf, er braucht vor allen Dingen mehr für den Kopf. Er will jetzt die Welt nicht mehr nur entdecken, er will sie auch verstehen. Er will lernen, er braucht Informationen, Struktur, Regeln, Anerkennung, Motivation und auch ein Regulativ. Seien Sie bereit für diese wunderbare Zeit und machen Sie sich mit Ihrem Hund gemeinsam auf diese einzigartige Reise in die Welt. Sie können die Trainingszeiten um einige Minuten erhöhen und auch mehrfach am Tag einbauen. Sie können nun Ihrem kleinen Freund das Ablegen, das Warten und auch geregelte Begrüßungen erklären. Sie können jetzt mehr mit ihm machen, vor allem aber mehr Bindungsarbeit.

DIESELBE ZUNEIGUNG UND LIEBE

In einem wilden Rudel wären jetzt die Ausflüge größer. Die kleinen würden schon viel erleben und dem Rudel folgen, aber wenn sie zur Ruhe kommen, dann würden sie immer noch Kopf an Po miteinander kuscheln und sich gegenseitig die Mäuler und die Ohren schlecken. Hunde brauchen enorm viel Kontakt, Nestwärme und Zuneigung. Und ganz ehrlich, das brauchen wir auch und teilen es zu gerne mit unseren geliebten Vierbeinern.

Zeitaufwand in Zahlen

Damit Ihr Tag rundläuft und Ihr Hund sich in Ihren individuellen Tagesplan einpassen kann, aber dennoch zu seinem Recht kommt, gilt es nun, das Management zu optimieren. Hier stelle ich Ihnen einmal meinen Zeitplan für einen meiner Hunde vor, der sich seinen Menschen noch mit ca. acht anderen teilen muss und dennoch zu seinem Recht kommt:

Tagesplan für den Hund

6:00 Uhr Aufwachen und Schmuserituale zum Wachwerden.

6:15 Uhr Raus zur Toilette, danach bis

8:00 Uhr neben dem Schreibtisch im Körbchen liegen und schlafen, während ich am PC bin.

8:00 Uhr Frühstück

8:15 Uhr Erste kleine Runde, ca. 15 Min.

8:30 Uhr Spielphase mit vierbeinigen Kollegen in den Gehegen.

11:00 Uhr Mit in den Unterricht, während ich Schüler coache. Das bedeutet entweder Ruhe geben oder an der Leine beim Spaziergang begleiten oder auch ganz vereinzelt mal etwas zeigen.

13:15 Uhr Mittagessen, kleine Pause und danach zweite kleine Hunderunde ca. 15 Minuten. Spielphase und etwa 7 Minuten Unterricht.

15 Uhr Sportprogramm, ca. 20 bis 40 Minuten Fahrradfahren (dem Alter entsprechend), danach Ruhephase.

18:00 Uhr Abendessen, Fellpflege und letzte kleine Runde.

22:00 Uhr Noch einmal zur Toilette und ab ins Bett.

Zählen wir zusammen:

3 Mahlzeiten à 3 Minuten = **9 Minuten**

3 kurze Spaziergänge à 15 Minuten = **45 Minuten**

Kleine Trainingseinheiten à 5 Minuten = **20 Minuten**

Kurzes Sportprogramm à 20 Minuten = **20 Minuten**

Spielen, Fellpflege, Schmusen = **60 Minuten**

Das macht ungefähr 2 1/2 Stunden

Zweieinhalb Stunden, die wir unserem Hund in vielen kleinen Portionen verteilt widmen. So erlebt der junge Hund häufige Ansprache, viele kleine Highlights und bekommt dennoch geregelte Ruhephasen. Und auch ich als Erziehungsberechtigte bekomme immer wieder Abstand und Zeit, mich um den Rest meines Betriebes zu kümmern. Mit einem solchen Management bin ich in der Lage, sowohl sicher und vielfältig als auch artgerecht und alltagstauglich meinen Hund für mein Leben zu begeistern. Strukturieren Sie Ihren Tagesablauf und ritualisieren Sie Abläufe so, dass es für Sie passt und Ihr Hund nicht nur zu seinem Recht kommt, sondern Ihr Leben mit positiver Energie bereichern kann.

Notizen

Wie ist mein Tagesablauf?

„Hunde leben nur in der Gegenwart, haben keine Angst vor der Zukunft und hadern nicht mit der Vergangenheit."

Amy Tan

UNSER ERFOLGSKURS

Glücksschmiede für Hunde

Mit einem sechs Monate alten Welpen kann man schon richtig toll arbeiten. Ihr Hund möchte jetzt lernen und erleben. In den Unterrichtszeiten mit Ihrem vierbeinigen Lehrling nehmen Sie sich einfach immer nur ein Thema vor. Richten Sie sich ein kleines Klassenzimmer ein und arbeiten Sie mit der Uhr. Länger als 5 Minuten macht selten Sinn, denn die Kondition der Konzentration ist noch nicht entwickelt und somit ist die Leistungskurve limitiert. Also bedenken Sie einfach: frisch an die hohe Leistung und aufhören, wenn es am besten ist.

Klappt Ihr Training richtig toll und Sie kommen gut voran, dann verändern Sie immer nur eine Variable. Also entweder die Tageszeit des Trainings oder die Trainingsdauer oder das Trainingsambiente oder das Maß an Außenreizen. Haben Sie immer im Blick, dass so junge Hunde schnell überfordert sind und dann Fehler machen. Wenn Sie jedoch die Anforderungen sicher und gut überblicken, dann wird Ihnen beiden das Training zum Highlight des Tages werden.

Üben Sie in diesem sicheren Rahmen folgende Themen:

- Raum halten (Leine)
- kurzes Warten (Sitz)
- Ansprechbarkeit (der Name)
- körper- und objektbezogen unterlegen spielen

Die Ansprechbarkeit gibt dem Hund Orientierung, auch in Hundebegegnungen.

Je besser der Hund sich orientieren lässt, umso freier kann er sein.

Freiheit in kleinen Portionen

Sie werden merken, dass Sie bereits einen vierbeinigen Lebenspartner im Haus haben, der immer mit einem Lachen im Gesicht auf Sie reagiert. Sie selbst haben gelernt, den Namen des Hundes nur dann zu verwenden, wenn Sie auch wirklich mit ihm kommunizieren wollen. Das ist der Zeitpunkt, an dem die Hausleine überflüssig wird. Machen Sie sie erst dann wieder dran, wenn es für das eine oder andere Thema Klärungsbedarf gibt. Das kann z. B. der Fall sein, wenn es an der Tür klingelt, Besuch kommt oder das Spielverhalten sich nicht regulieren lassen möchte. Ansonsten genießen Sie einfach die Verbindlichkeit der Beziehung in der neu gewonnenen Freiheit.

Und auch im Garten stellen Sie immer häufiger fest, dass Ihr Hund wirklich prompt und zuverlässig auf seinen Namen reagiert. Wenn dem so ist, lassen Sie die Leine auch hier ab und zu mal weg. Setzen Sie sie erst dann wieder ein, wenn Sie das Gefühl bekommen, dass Ihr Hund behauptet, er hätte schlechten Empfang, sein Akku sei leer oder er habe das Handy verlegt.

Bei Ihren Aktivitäten außerhalb einer fest eingezäunten Fläche gehen Sie noch nicht so spendabel mit der Freiheit um. Besonders dann nicht, wenn Sie mit jemandem zusammen gehen und Ihre Aufmerksamkeit durch ein Gespräch abgelenkt wird. Die Ausbildung eines jungen Hundes zum zuverlässigen Begleiter in Mutter Natur ist etwas aufwendiger und bedarf einer echten Schulung. Die meisten Menschen gehen zu leichtfertig damit um und stehen plötzlich vor einem Kontrollverlust. Vergessen Sie nicht, dass Ihr Hund ein Raubtier ist, mit allen Eigenschaften, die zu einem Beutegreifer dazugehören.

Acht von zehn Menschen, denen man im Wald mit Hund begegnet, haben ihren Hund nicht unter Kontrolle. Bei etlichen Teams kann man noch nicht einmal auf Anhieb erkennen, dass sie zueinander gehören. Schauen Sie noch einmal, was Sie unter

„Meine Vision von meinem Leben mit Hund“ aufgeschrieben haben. Wenn dort so etwas steht wie: „Mit meinem freien Hund entspannt in der Natur sein …“, dann nehmen Sie sich doch auch Zeit, Ihr Raubtier genau dafür auszubilden. Bringen Sie sich und Ihren Hund auf Erfolgskurs und behalten Sie einen guten Überblick über die Verantwortung, die Sie für diese sechsbeinige Beziehung haben. Dann werden Sie für die nächsten 15 Jahre zu den zweien von zehn gehören, die gemeinsam mit ihrem Hund frei und angeschlossen, zuverlässig und glücklich die Natur erkunden können.
Notieren Sie diese Begriffe auf einem Blatt, laminieren es ein und hängen es an den Kühlschrank, sodass die ganze Familie diese Vokabeln lernen kann und weiß, wie man mit dem Hund spricht.

Vokabelheft

Es sind wenige, aber klar definierte Begriffe, die wir nun bereits für den Hund haben:

- Name
- Lobwort
- Störung
- Sitzen
- Herkommen
- Linker/rechter Raum
- Nehmen
- Holen
- Ausgeben
- Pipi machen
- Hinlegen

Balance aus Respekt und Vertrauen

Der Motor des Lebens ist der Funktionskreis Drängen/Bedrängen. Im Ganzen gibt es sechs Funktionskreise, denen Verhalten entspringt, aber dieser eine ist der wichtigste, denn er macht das Leben überhaupt erst möglich. Jeder Baum im Wald besteht aus Drängen/Bedrängen und erfährt durch den nächsten Baum ein Regulativ. Die Bäume, die am Waldrand stehen, bekommen dieses Regulativ nur aus einer Richtung und neigen dazu, bei Sturm durch ihre Schieflage umzukippen. Dieses Bild möchte ich Ihnen geben, damit Ihnen bewusst ist, wie wichtig ein gesundes Regulativ ist, wie notwendig für ein gesundes inneres und äußeres Wachstum.

IM ZWEIFEL FÜR DEN HUND

Die gesunde Balance aus Vertrauen – dem stabilen Bindungssystem – und Respekt – dem feinfühligen Regulativ – ist es, was Sie nun brauchen. Ihr Hund ist nun mit sechs bis acht Monaten in einer Lebensphase, in der das Drängen/Bedrängen von Natur aus groß wird und häufig Anforderungen an ein Begrenzen, Erklären oder Regulieren gestellt werden. Das ist vollkommen normal. Lernen Sie, gut die Waage zu halten und schauen Sie, dass Sie immer geduldig und wohlwollend für den Hund entscheiden. Stellen Sie fest, dass Sie häufig kritisieren, dann reduzieren Sie bitte Ihre Anforderungen.

ORIENTIEREN STATT KRITISIEREN

Geben Sie Ihrem Hund in Fragestellungen erst einmal über den Namen Orientierung. Reagiert er nicht darauf, dann können Sie in Ruhe beginnen, Ihren kleinen Freund aufzuwecken (Störbarkeit) und dann wieder mit dem Namen zu orientieren. Dieser Teil

Ein klar orientierter Hund schafft es mit Leichtigkeit, mit oder ohne Gegenstand im Maul, den richtigen Weg zu finden. Eine sichere Basis ist immer die Erfolgsgarantie.

wird gerne schnell überlesen, ist aber in der Tat entscheidend für ein harmonisches und sicheres Miteinander. Es gibt Dinge, die machen Hunde nun mal. Einem Vogel nachschauen zum Beispiel, oder sich für Gerüche interessieren. Daran ist nichts falsch. Falsch wäre, innerhalb dieser Reizlage nicht auf den Namen zu reagieren. Bezeichnen Sie solche Handlungen – also das Nichtreagieren – als Don'ts und orientieren Sie Ihren Hund mit wohlwollender Freundlichkeit in Ihre Richtung.

Es gibt nicht viele Don'ts für Ihren Hund und in diesem Alter würde ich sie auf zwei Dinge reduzieren: 1.) nicht auf den Namen zu reagieren oder 2.) unkultiviert an der Leine zu ziehen. Diesen Don'ts begegnen wir direkt mit der Störung, um den Hund dann mit dem Namen wieder zu orientieren und zu loben. Es ist auf dem Weg zum verlässlichen, vertrauensvollen Partner meist der Ort, an dem das Kind in den Brunnen fällt, und der Mensch sich von seinem Gedanken, zu strafen, verleiten lässt.

WIE OFT KRITISIERE ICH MEINEN HUND, KANN ICH IHM HELFEN?

In der Summe kritisieren Menschen Hunde mehr, anstatt sie in die richtige Richtung zu lenken. Das ist überall dasselbe auf der Welt. Meist ist es ein Resultat einer unzureichend geschulten Ansprechbarkeit. In der Tat ist dies das richtige Alter, um das zu festigen. Wichtiger als Sitz, Platz, Fuß oder Pfötchengeben ist, dass der Hund zu 100 % auf seinen Namen reagiert. Wenn Sie Ihres und das Glück Ihres Hundes schmieden wollen, dann lassen Sie sich nicht von einem falschen Ehrgeiz lenken und hören auf Ihr Bauchgefühl. Schauen Sie hin: Reagiert Ihr Hund immer zu 100 % auf seinen Namen? Ja oder Nein? Solange Sie immer wieder mit Ihrem Hund offline geraten, macht es Sinn, sich diesem Teil der Ausbildung erst einmal zu widmen. Die Anleitung finden Sie auf Seite 68.

Nehmen Sie sich Zeit, beim Lesen und Loben.

Leseschule

Sie haben gelernt, über das Ausdrucksverhalten Ihres Welpen nachzudenken und verstanden, es in räumliches und leibliches zu unterteilen. Sie haben geübt, zu erkennen, ob er Ihnen den Kopf oder die Rute zuwendet und ob er sein Maul bewegt oder wedelt. Nutzen Sie nun diese Entwicklungsstufe, um das Minimum einer Beziehung zu erarbeiten, den verbindlichen und stabilen Kontakt zueinander.

Lernen Sie, genauer hinzuschauen. Lesen Sie, wie häufig Ihr Hund das Auge öffnet und schließt, also Lidschlag hat. Beobachten Sie, ob er mit seiner kleinen Zunge seitwärts abschleckt und zwischendrin Maulaktivität zeigt. Studieren Sie, ob sein Ohr beweglich in alle Richtungen horcht und was sein Rücken macht: Ist er fest oder beweglich? Und dann schauen Sie auf die Rute. Wo genau befindet sie sich und was macht sie da? All diese Beobachtungen notieren Sie im folgenden Feld. Sie sind wichtig, und es ist wertvoll, wenn diese Beobachtungen so objektiv wie möglich, also nur beschreibend sind. Notieren Sie bitte nicht, was Sie glauben, was Ihr Hund ausdrücken möchte, sondern welche Signale er wann sendet.

LESEN LERNEN

Und nun schauen Sie einmal in Ihren vorherigen Protokollen über das Ausdrucksverhalten nach. Sie werden sehen, dass Sie bereits viel mehr erkennen. Das ist großartig! Sie beginnen, auf diese Weise Ihrem Hund zuzuhören. Sie können einschätzen, wann er eine Spannung aufbaut, den Raum dominiert oder einfach ein lachender, fröhlicher Hund ist.

Und Sie werden noch etwas merken: Dieses wunderbare warme Gefühl in Ihrem Herzen, wenn Sie Ihren kleinen Räuber anschauen und beobachten. In dem Moment, indem er Sie anschaut, das Maul öffnet und sich rechts und links mit der Rute auf den Rippenbogen klopft, brauchen Sie sich nicht zu zügeln. Sagen Sie ihm einfach aus ganzem Herzen, wie lieb Sie ihn schon gewonnen haben.

MISSVERSTÄNDNISSE VERMEIDEN

Der beste Nährboden für diese heranwachsende Liebesgeschichte ist Vertrauen. Zu diesem Vertrauen gehört Sicherheit. Ja, Sie ahnen es, ich möchte Sie darauf aufmerksam machen, dass Sie Ihre Leine als sichernde Verbindung nicht außer Acht lassen.

Beobachten Sie das Ausdrucksverhalten genau, ohne es zu interpretieren.

So lernen Sie Ihren Hund zu lesen

Verhalten	häufig	mittel	selten
Wedeln			
Offenes Mäulchen			
Lidschlag			
Bewegliche Ohren			
Weicher Körper			
Zehen-Ballen-Fußung			

Führen Sie Protokoll und vergleichen Sie es mit dem ersten auf S. 55.

HALBZEIT

Der Weg ist das Ziel

Es ist die Halbzeit der Aufzucht eines jungen Hundes. Sie können das Bergfest feiern. Mehr noch, denn Sie haben bereits die entscheidenden Schritte geschafft. Blicken Sie zurück und erinnern Sie sich an die Anfänge Ihrer Beziehung. Die zerlegten Pantoffeln, das Zerren an der Leine, die erste Autofahrt, der Tierarztbesuch. Erinnern Sie sich an die ersten Abenteuer und die schönsten warmen Momente gemeinsam auf Ihrem Sofa? Ja, blicken Sie immer wieder einmal zurück, und Sie werden feststellen, wie weit Sie schon gekommen sind.

Der zugewandte und lachende Hund ist bereit für die weitere Ausbildung.

Ansprechbarkeit, das oberste Ziel

Und dennoch gilt nach wie vor, dass Sie immerzu daran arbeiten sollten, dass Ihr Hund immer und überall hört. Und zwar nach drei Kriterien: prompt, freundlich und mit der korrekten Ausführung. Dies nennen wir die drei Aspekte der Antwort:

1. Die Unmittelbarkeit der Reaktion
2. Die korrekte innere Haltung
3. Die korrekte Ausführung

Am allerwichtigsten sind die ersten zwei Aspekte, nämlich prompt und freundlich. Haben Sie das erreicht, können Sie Ihrem Hund immer noch in die richtige Lösung hineinhelfen. Gerne können Sie eine Strichliste, ein Protokoll anfertigen, mit dem Sie einen objektiven Überblick über die Realität bekommen. Stellen Sie fest, dass Ihr Hund tatsächlich immer prompt und zugewandt auf Sie reagiert, dann können Sie mit weiteren Ausbildungsinhalten fortfahren.

Im objektbezogenen unterlegenen Spiel wird Kooperation und Teamgeist gleichermaßen gefördert. Das Ziel ist ein motivierter und lenkbarer Hund.

FAQ MIT ANNE

Was mache ich, wenn mein Hund …

… kratzt?

… beißt?

… anbellt?

… buddelt?

All diese Handlungen können Sie mit der ziehenden Hilfe orientieren. Bieten Sie Ihrem Hund Alternativen. Bringen Sie ihn z. B. ins Sitz und regulieren Sie den ihm zur Verfügung stehenden Raum mit einer Leine.

… anspringt?

… klaut?

… zieht?

Hier braucht ein Hund etwas mehr Ordnung und ein Regulativ. Klären Sie diese Unarten und helfen Sie Ihrem Hund, die Regeln besser zu verstehen.

… unsauber ist?

Es gibt Hunde, die sind von Anfang an stubenrein. Von ganz alleine. Und es gibt auch die anderen. Letztere brauchen ein sehr striktes Management. Pünktliche Mahlzeiten, klare Ruhezeiten und strikten Toilettengang, ohne Ablenkung und Aufregung.

… unsicher ist?

Haben Sie einen unsicher wirkenden Hund, dann arbeiten Sie am Bindungssystem. Überfordern Sie Ihren Hund nicht und bieten ihm einen sicheren Rahmen. Achten Sie umso mehr darauf, dass Ihr Hund immer auf Sie reagiert.

… alles frisst?

… schlecht frisst?

Frisst Ihr Hund alles, dann können Sie bereits in diesem Alter die Ansprechbarkeit nutzen, um ihn auch von Futterreizen weg zu orientieren.

Hier gilt wieder prompt und freundlich in der Ansprechbarkeit. Damit bereiten Sie auch das Antigiftködertraining vor.
Bei dem Schlechtfresser haben Sie Geduld und machen Sie sich nicht verrückt. Wie bereits erwähnt, ändert sich das häufig mit Einsetzen der Fruchtbarkeit, manchmal auch erst nach ein bis zwei Jahren.

Darf mein Hund ...

... Treppen laufen?

Ja, Ihr Hund darf Treppen laufen, wenn er sie nicht ständig hoch und runter rast, wenn er ohne Befund ist und nicht unbedingt zu den ganz großen oder ganz kleinen Rassen mit überlangen Rücken gehört. Alles in Maßen und mit gesundem Menschenverstand.

... Sport machen?

Ihr Hund darf nicht nur Sport machen, er braucht es sogar. Immer alles in Maßen und mit Sinn und Verstand. Aber ein heranwachsender Hund braucht gute Muskeln und stabile Bänder und Sehnen, um sein wachsendes Knochengerüst stabil halten zu können. Gut ist immer eine gleichmäßige Geradeausbewegung, ein Joggen, ein langes Aufwärmen.
Nicht gut sind Wurf- und Rennspiele mit Höchstgeschwindigkeit, engen Wendungen, Sprints und Stopps. Dafür sind die Gelenke in diesem Alter noch nicht fest genug. Diese Belastung ist für die unreifen Gelenke enorm und Folgeschäden sind bereits vorprogrammiert.

Passen Sie die Bewegungsart und Intensität Ihrem Hund an und achten Sie darauf, dass er über eine geregelte Bewegung aktiv Adrenalin ab- und Muskulatur aufbaut. Bieten Sie ihm ritualisiert und regelmäßig jeden Tag ein aktives Bewegungsprogramm. Leider gehört Spazierengehen nicht dazu, denn es ist für den Hund einfach kein günstiges Tempo. Sie sollten sich über 3 km Strecke bei 9 – 12 km/h bewegen, ohne dass Ihr Hund zieht, ständig schnuppert oder die Spur wechselt.

003 **Kurzfilm mit der Kosmos Plus-App: Hier sehen Sie Bond im Stopp.**

Man kommt nur mit Geduld, Liebe und Empathie gut durch die Pubertät.

Der verflixte siebte Monat

Denken Sie immer daran, dass ein Hund Dinge macht, die ein Hunde nun mal tut, weil er ein Hund ist. Manchmal kommen in dieser Entwicklungsphase Zweifel auf. Manch einer glaubt, seine Ziele nicht erreichen zu können, andere wiederum hätten sich dieses erste Jahr unkomplizierter vorgestellt und gemeint, man schafft sich einfach so einen Hund an und dann begleitet der einen brav durch Feld und Flur. Seit einigen Jahrzehnten coache ich Teams aus Mensch und Hund. In all den Jahren war es immer wieder der siebte Lebensmonat, in dem sich Zweifel bemerkbar machten. Die Beziehungen wirkten müde voneinander, die Menschen unsicher, die Hunde unreif. Lassen Sie mich eines sagen: Glauben Sie an Ihren Hund. Glauben Sie an sich. Bleiben Sie in einem sicheren Rahmen und geben Ihrem Hundekind die Zeit, die es braucht, um zu wachsen, zu reifen und eine Persönlichkeit zu entwickeln. Auch bis hierhin muss ein Hund weder funktionieren wie ein Soldat noch ist er in der Lage, die Verantwortung für Freiheit zu übernehmen. Er ist und bleibt ein Hund, mit den Bedürfnissen, die ein Hund nun einmal hat. Er braucht die pubertäre Phase, den Wandel, den das Wachstum mit sich bringt, er braucht echte Zuneigung, Liebe und einen Menschen, der immer hinter ihm steht und an ihn glaubt. Und er braucht Struktur, Orientierung und ein freundliches Regulativ. Zu guter Letzt braucht er einfach Zeit.

Übungen:

- Rechter Raum, linker Raum, vorne ist die Küche
- Bindungstraining und Bindungsspiele
- Sprachhygiene
- Leinenführigkeit
- Duldsamkeit

5 Tipps für den Alltag

1. Legen Sie einen ritualisierten Tagesablauf fest.
2. Binden Sie ein tägliches Sportprogramm ein.
3. Üben Sie Begrüßungen mit Hunden und auch Menschen ebenso wie Ressourcentraining im Jo-Jo-Effekt, siehe Seite 133.
4. Bestehen Sie auf Kuschel- und Spielrituale, die Sie auch außerhalb Ihres Zuhauses durchführen.
5. Üben Sie das Wartenlernen und das minutenweise Alleinesein.

Notizen

Meine Erlebnisse und Fragen

„Die glücklichsten Menschen haben nicht das beste von allem, sie machen das Beste aus allem."

Willy Meurer

Ausblick für die kommenden Wochen

- Erst einmal sehr viel gemeinsame Freude und wieder etwas ruhigeres Fahrwasser.
- Der letzte Wachstumsschub wird abgeschlossen, es gibt durch den Fellwechsel nagelneues Fell.
- Und der Geist nimmt Lerninhalte auf wie ein trockener Schwamm.
- Freuen Sie sich auf das, was vor Ihnen liegt.

Aus dem Nähkästchen

WHISKEY

Whiskey oder auch die schnellste Maus von Mexico. Er scheint jetzt bereits ausgewachsen zu sein. Sein Fell ist in der Tat aufwendig. Dieses weiche Plüschfell, das niemals haart, wächst und wächst, und ich muss mich daran gewöhnen, meinen kleinen Freund regelmäßig zu scheren und zu frisieren. Einen Milchzahn mussten wir in der Tierklinik entfernen lassen. Ansonsten ist er die Ausgeburt der Frohnatur. Er liebt es, neben dem Rad her zu sausen oder im Fahrradkorb die Oberaufsicht über die anderen Hunde zu führen. Er sieht aus wie ein Schoßhund, ist aber eine echte Rakete. Er holt Dummys aus dem Teich, springt über jeden Graben und ist voller Witz.

Sein Motto: Das Passwort fürs Leben heißt Humor.

Er kuschelt gerne mit mir, ist aber niemals aufdringlich. Er hält sich an unsere Rituale und ist mir jetzt schon ein wunderbarer Begleiter. Er hat schon verstanden, die Rose, die er in meiner Show zu mir bringen soll, zu apportieren, und versucht auch schon aufs liegende Pferd zu springen. Ich habe nicht gewusst, dass ich ihn brauche, und jetzt schon mag ich nicht mehr ohne ihn sein.

Er ist ein Hund, der immer erst einmal „Ja" sagt, und zwar zu allem. Dennoch hat er eine starke Persönlichkeit. Er ist sehr kommunikativ. Er hat ein ausgeprägtes und leicht lesbares Ausdrucksverhalten. Er ist sehr eindeutig in den Signalen, die er sendet, und es ist leicht zu erkennen, wann es für ihn zu wenig oder zu viel ist. Was klar ist, dass er körperliche Grenzen hat. So muss ich beim Wasserapport aufpassen, dass er nicht kalt wird. Er friert unfassbar schnell und braucht sofort ein trockenes Handtuch und einen Mantel. Durch seine Genetik braucht er mehr Schutz als andere Hunde, aber dieselbe Erziehung.

004 **Kurzfilm mit der Kosmos Plus-App: Hier sehen Sie Whiskey beim Wasserapport.**

Aus dem Nähkästchen

JUICE

Sie hat mit dem Training am Vieh begonnen. Spielerisch und kurz, aber dennoch regelmäßig. Sie arbeitet gezielt mit mir an einer kleinen Herde. Damit kann ich ihren Trieb in die richtigen Bahnen lenken und ihren Geist mit dem erfüllen, wofür sie gemacht ist. Und sie macht es großartig. Sie hört mir sehr gut zu und lässt sich schon ganz gut lenken. Ich nehme sie alle zwei Tage für ungefähr fünf Minuten mit zum Training und übe mit ihr das Anhalten (Lie down) und dass sie auf einem Kreis um die kleine Herde saust. Es tut ihr sehr gut und sie entspannt innerlich deutlich. Ich glaube, sie wird ein richtig toller Gefährte in meinem Team. Sie wirkt durch dieses Training losgelassener und im Geist etwas freier. Es ist nun mal ihre Leidenschaft.

Ihr Motto: Brains before beauty, sie ist ein unfassbar talentierter Arbeitshund!

Ihre Verdauung ist nun stabil. Wir erweitern das Sportprogramm. Ihre Zugewandtheit und Leichtigkeit überzeugen mich sehr.

Durch das Training an der Herde baut sie gleichzeitig mehr Bindung zu mir auf. Ich habe das schon so oft erlebt: Wenn man ein Individuum in seine Leidenschaft entlässt, ist es bereit, sein Inneres zu öffnen. So auch bei dieser wunderbaren kleinen Hündin. Sie wirkt sehr stark gegenüber der Herde und lernt wahnsinnig schnell und konzentriert. Neben dem Training an den Schafen bekommt sie auch ein Sportprogramm am Fahrrad von 4–5 km im langsamen Trab. Auf diese Weise kann ich ihren Körper für ihren Traumberuf fit machen. Durch dieses Maß an Auslastung verändert sich ihr Ausdrucksverhalten und sie wird weicher und anhänglicher.

005 **Kurzfilm mit der Kosmos Plus-App: Hier sehen Sie Juice beim Training an der Herde.**

Aus dem Nähkästchen

JODA

Die Zahnung und das Wachstum machen ihm richtig zu schaffen. Er schläft unfassbar viel und fordert seine Ruhephasen ein. Er kommt häufig zu mir und bringt mich dann zur Küchentür. Dann weiß ich, dass er in sein Körbchen möchte. Dort legt er sich von allein hinein, schmatzt dreimal und dann schnarcht es nur noch. Ich kann den Lausbub inzwischen auch schon 1–2 Stunden allein in der Küche lassen und wecke ihn dann auf, damit er nicht den ganzen Tag verschläft. Er ist unfassbar schmusig und möchte am liebsten ständig auf den Schoß. Er hört sehr gut auf seinen Namen und lässt sich somit sehr gut orientieren.

Wenn er mit Gandalf alleine auf dem Hof ist, dann macht er noch viel Unsinn. Dekoriert die Beete um, schleppt Blumenzwiebeln überallhin oder zerfleddert die Fußmatte. Das gehört dazu. Da muss ich besser aufpassen und dafür sorgen, dass nicht so viel passieren kann, solange er noch im Zerstörermodus ist. Es ist besser, wenn der Bub bei mir und unter meinen wachsamen Augen ist. Auch würde er gerne unsere Katzen jagen. Das ist aber gar nicht erlaubt. Mit seinem Namen können wir ihn umorientieren und sind sehr stolz darauf, wie gut er das mitmacht. Er ist fast nie unbeaufsichtigt allein. Und es scheint ihm gerade recht zu sein. So ein bindungsfähiges Kerlchen, so liebenswert und anhänglich. Wir haben keine Zweifel mehr an ihm und auch nicht an unserer gemeinsamen Zukunft.

Seine Spannung innerhalb des Rudels verändert sich. Er versteht mehr und mehr, dass er auch Raum geben kann und somit Situationen deeskaliert. Er spielt sehr gerne und das machen wir uns zunutze, um ihn positiv zu aktivieren. Seine Wachsamkeit gegenüber Fremden ist nach wie vor gegeben.

006 **Kurzfilm mit der Kosmos Plus-App: Hier sehen Sie Joda beim Spiel auf dem Hof.**

Aus dem Nähkästchen

LUNA

Die ersten Trainingseinheiten mit Rollstuhl und Rollator stehen nun auf ihrem Trainingsplan. Es gehört zu ihrer individuellen Habituation und sie macht ganz toll mit. Die Ausflüge in die Stadt strengen sie noch an. So viele leckere Gerüche! Da scheint ein Feuerwerk in ihrem Kopf zu sein. Sie verliert hier immer wieder die Konzentration. Sie ist zu diesem Zeitpunkt acht Monate alt und ich merke, dass ich sie nicht überfordern darf. Sie wird an die Kenndecke für den therapeutischen Einsatz gewöhnt und bekommt über das Fahrradtraining einen gesunden Ausgleichssport.

Ihr Bindungssystem ist sehr stabil geworden. Sie ist bindungsoffen und nimmt schnell Kontakt zu fremden Menschen auf, lässt sich problemlos auch von anderen Menschen führen und hat gelernt zu warten. Sie ist einfach zauberhaft! Sie schafft es, absolut jedem Menschen, der ihr begegnet, ein Lächeln ins Gesicht zu zaubern. Das Bindungstraining zahlt sich aus.

Wir bereiten ihren Arbeitsalltag auch mit vielen Details vor. Sie lernt den Raum zu halten, am Auto beim Einsteigen zu warten, und sie lernt meinen Bruder kennen, Facharzt für Geriatrie, den sie im Rahmen der Therapien unterstützen soll. Und da geschieht etwas, womit ich nicht gerechnet habe. Sie schließt sich voll und ganz meinem Bruder an. Sowie er auf dem Hof ist, weicht sie nicht mehr von seiner Seite. Schockverliebt, so nennt man das. Und vor lauter Freude darüber, bleibt in meinem Herzen gar kein Platz für Eifersucht. Hunde gehen ihren Weg, sie entscheiden mit und nehmen auch selbst ihr Schicksal in die Hand. Und hier haben sich anscheinend wieder einmal zwei Seelen getroffen, die füreinander gemacht sind. Dennoch bleibt sie zur weiteren Ausbildung erst noch bei mir, und dann wird sie zwei Zuhause haben. Was ein wunderbares Projekt, eine echte Herzensangelegenheit.

Ihr Motto: Freude vermehrt sich, wenn man sie teilt.

32.–40. *Woche*

*„Man braucht nur mit
Liebe einer Sache nachzugehen,
so gesellt sich das Glück hinzu."*

Johannes Trojan

WO IST NUR DIE ZEIT GEBLIEBEN?

Kleine große Hunde

Weltoffen und wunderschön, dieser Junghund.

Es ist nicht zu fassen. Schon steht ein erwachsen aussehender Hund neben Ihnen. Das Fell glänzt, sein Körper ist groß und die Proportionen stimmen nun. Er weiß sich zu bewegen, er ist offen für alles, was um ihn herum geschieht. Das Schönste aber ist, dass er vor allen Dingen offen ist für Sie. Er schaut direkt in Ihre Augen, er lässt sich gerne den Kopf ausstreichen und er sucht immer wieder Ihren Kontakt, Ihre Nähe. Wenn er sich hinlegt, dann können Sie erkennen, dass er sich wie eine Banane zu Ihnen legt, Sie also mit dem Körper einschließt. Wenn Sie aufstehen und den Raum verlassen, dann steht er auch auf und ist immer bereit, Ihnen zu folgen, Sie zu begleiten. Wenn Sie ihn rufen, dann kommt er zu Ihnen gesaust, wedelnd und mit offenem Maul. Und das Beste ist, er tut das für Sie, denn Sie haben ihn mit Liebe erzogen und nicht mit Lohn. Im Haus brauchen Sie nun schon lange keine Leine mehr. Sie können ihn in sein Körbchen bringen, während Sie essen, Sie können ihn in seine Kudde (die Box) bringen, damit er frisst.

Ohne Druck

Das Jetzt genießen und an die Zukunft denken, dabei ab und zu in den Rückspiegel schauen. Das ist das Erfolgskonzept und gibt Ihnen die innere Ruhe, Ihren Hund sicher zu begleiten.

Wenn wir es schaffen, Hunde in ihrer Leidenschaft diszipliniert zu fördern, dann strahlen sie.

Zwei Mahlzeiten täglich

Er ist inzwischen super sauber, lässt sich bürsten, duschen und die Pfoten kontrollieren, seine Verdauung ist geregelt und Sie können ihn mit den wertvollsten und vielseitigsten Nahrungsmitteln verwöhnen. Sie brauchen ihn nun nur noch zweimal täglich zu füttern. Bei meinen Hunden handhabe ich diese Umstellung immer über den sogenannten Pausenschmaus, den ich mindestens so liebe wie meine Hunde. Es sind geschnittene Möhren, Gurke und Äpfel, die ich gerne auch zwischendrin einmal anbiete. Wir erziehen die Hunde ohne Leckerchen, was uns nicht davon abhält, sie außerhalb des Trainings auch einfach mal zu verwöhnen. Das Lob wird grundsätzlich ohne Futter gearbeitet, denn es soll das Herz und den Geist berühren und macht die Hunde nicht abhängig. Inzwischen sind Sie mobil mit Ihrem kleinen Freund und er kann Sie unkompliziert im Auto, kurze Strecken am Rad oder im Fahrradanhänger begleiten. Also widmen wir uns von nun an der Alltagstauglichkeit, denn damit erreichen wir, dass wir auffallen durch Nicht-Auffallen.

SPORT- UND GEISTESWISSENSCHAFT

Die Schule zum schlauen Hund

Körperlich setzt Ihr Hund nun wahrscheinlich sehr viel Energie frei, denn er braucht nicht mehr so viel Kraft, um zu wachsen. Jetzt hat er allerhand Kalorien übrig, und diese erzeugen einen erhöhten Bewegungsdrang. Es ist nun an der Zeit, diesem Drang mit adäquaten Angeboten zu begegnen und für eine gezielte Auslastung zu sorgen. Die Wachstumsfugen schließen sich nun, und das bedeutet, dass das Sportpensum leicht steigen darf. Ich rede hier von 4 – 5 km bei 9–14 km/h. Mit einem gezielten Fahrradtraining in reizarmer Lage ist dies ein vorerst ausreichendes Bewegungsangebot. Das ist ein ruhiger Trab bei einem mittelgroßen, lauffreudigen Hund. Bei Hunden, die nicht für das Laufen gemacht sind, sollten Sie die Werte bitte anpassen. Diese Form der Bewegung ist extrem gesund und kann gerne auf zwei Blöcke am Tag aufgeteilt werden.

Ein bisschen apportieren

In der Zwischenzeit kann man dem jungen Freund Geisteswissenschaft anbieten. Da die Zahnung fast fertig ist, können wir wieder spielerisch mit dem Apportieren weitermachen. Richtig gut ist es, wenn man einen Futterdummy mit weicher Watte füllt. Den nehmen junge Hunde meist gerne ins Maul, er ist nicht schwer und angenehm zu tragen. Mit diesem Spielzeug entwickeln Sie nun das objektbezogene unterlegene Spiel. Sie haben entweder den Hund oder den Dummy an einer Leine, sodass Sie auf jeden Fall immer der Beute habhaft werden können. Dann drehen Sie sich langsam im Kreis und führen mit einer ruhigen Bewegung den Gegenstand vor der Nase Ihres Hundes her. In dem Moment, in dem Ihr Hund ihn haben will, sagen Sie einfach: „Nimm“ und lassen ihn gewinnen. Danach geben Sie Raum, was Ihr Hund aus dem Lockruf von früher, aber auch aus der ziehenden Hilfe kennt. Nun lotsen Sie Ihren Musterschüler mit dem Wort „Holen“ zu sich. Dann nehmen Sie ihm vorsichtig den Dummy mit dem Wort „Danke“ ab. Und nun gehen Sie noch einen Schritt rückwärts und laden ihn zu sich ein, um ihn ausgiebig zu loben. Dieses kleine Spielchen macht nicht nur unfassbar viel Spaß, es bewirkt auch ganz nebenbei, dass Ihr Hund das Apportieren lernen wird.

007 **Kurzfilm mit der Kosmos Plus-App: Hier sehen Sie Apportieren und unterlegenes Spiel.**

Mit spielerischer Konsequenz dem Hund das Apportieren zu erklären, ist eine echte Freude auf beiden Seiten und ein Gewinn innerhalb der Beziehung.

Mit Spiel und Spaß den Hund artgerecht zu einem schlauen Hund machen, das erzeugt Glück.

Im körperbezogenen unterlegenen Spiel lernt er mit Leichtigkeit, dass ich sein Zuhause bin.

WIEDERHOLUNG IST DIE MUTTER DES LERNENS

Spielen ist Komfortzonenverhalten. Und wenn Sie in der Lage sind, mit Ihrem Hund zu spielen, egal wie, dann erzeugen Sie in Ihrem Hund ein positives Gefühl. Das wiederum stärkt das Bindungssystem, welches in der Lage ist, das Bedrohungssystem zu beruhigen. Sie sehen, Sie befinden sich augenblicklich in einer Glücksspirale. Und da Sie Glücksschmied werden und auch sein wollen, drehen Sie diese Glücksspirale mit der Navigation Richtung gelungene Partnerschaft.

IHR HUND IST ONLINE

Ihr Hund hat bis hierhin viel gelernt. Nicht viele Tricks, sondern das entscheidende Thema einer Beziehung, nämlich zuzuhören. Er hat gelernt, zu 100 % auf seinen Namen zu reagieren und damit kann er mehr als 90 % aller Hunde. Ein Hund, der hört, lässt sich immer orientieren. Und auch andersherum ist viel an Beziehungsarbeit passiert, denn auch Sie haben gelernt, Ihrem Hund zuzuhören und sind nun in der Lage, das Ausdrucksverhalten zu erkennen und zu beschreiben. Überprüfen Sie, wie gut Ihr Hund sich räumlich orientieren lässt. Lassen Sie sich gerne innerhalb der Interaktion mit Ihrem Hund einmal von außen filmen und beobachten Sie, ob Ihr Hund sich auf Ihre Spur einlässt, oder ob er es immer mal wieder schafft, Sie so zu stellen und zu drehen, wie es ihm gefällt.

Der freie Anschluss

Und schon können wir uns an das schwierigste und wichtigste Thema der Tierschule heranwagen. Der freie Anschluss. Unser gestecktes Ziel, unsere gemeinsame Vision ist das Leben mit einem freien Hund. Wir haben ihn zuerst gekidnappt, dann behütet und nun wollen wir ihm die Freiheit wiedergeben, denn wir verfolgen einen Weg, der ihn dazu befähigt, verbindlich und sicher damit umzugehen.

ÜBUNG

FREIER ANSCHLUSS

Bleiben Sie in einem gewohnten und sicheren Ambiente. Stimmt die Vorbereitung (Ansprechbarkeit, Lobbarkeit und Störbarkeit), ist es nun recht leicht. Zunächst bewegen Sie sich mit Ihrem Hund und beobachten sein räumliches Ausdrucksverhalten. Sie sind ja bereits das Zuhause und bislang hat die Leine die Grenze seiner Heimat beschrieben. Diese hat er gelernt zu respektieren. Nun sind Sie soweit, dass Sie ihm kurzzeitig die Verantwortung für das Einhalten dieser Grenze übergeben. In Ihrem räumlichen Denken sind Sie von einem Radius von 1,5 m umgeben, innerhalb dessen sich Ihr Hund bewegen soll. Wenn er an eine imaginäre Grenze stößt, dann rufen Sie ihn bitte nicht, denn dann würde er nur lernen, dass Sie ihn rufen, wenn er zu weit weg ist. Die Verantwortung für die Distanz zu Ihnen erlernt er nur, wenn Sie ihn klar, aber freundlich mit einem „Nein, nein, nein" stören, ihn kurz aufwecken, auf Abstand halten, um ihn dann wieder einzuladen und zu loben. Andersherum wird auch ein Schuh daraus: Jedes Mal, wenn Ihr Hund sich Ihnen zuwendet, bestätigen Sie ihn mit einem ausgiebigen, herzlichen Lob! So dauert es meist nur ein kurzes Weilchen und Ihr Hund bleibt gerne und aus eigenen Stücken in Ihrer Nähe. Bitte verwalten Sie im freien Anschluss noch einige Zeit einen engen Radius. Mehr Raum braucht auch Ihr Jungspund nicht. Bedenken Sie: Vertrauen ist gut, Kontrolle ist besser!

KURZE EINHEITEN

Sehr gut ist es, die Zeit der Freiheit noch ein wenig einzuschränken und in kurzen Etappen zu arbeiten. Wenn es gut läuft und beide Teampartner konzentriert sind, kann man es ausweiten. Ansonsten ist die Leine immer wieder ein sicherer Hafen für die Beziehung.

Innerhalb der gemeinsamen Spur eine sinnvolle Aufgabe zu erfüllen, ist ein Teamerfolg.

Notizen

Unsere schönsten Abenteuer

Überlegen Sie, welche Abenteuer Sie gemeinsam erlebt haben, welche großartigen und schönen Erlebnisse bereits hinter Ihnen liegen, bevor wir uns das Arbeiten in der Freiheit vornehmen. Denn dadurch bekommen Sie auch noch einmal einen guten Überblick, was einfach und unkompliziert war und in welchen Situationen es doch noch ein wenig gerumpelt und gestockt hat.

Die Leine gibt dem jungen Hund und mir die Sicherheit, die wir brauchen, um Abenteuer zu erleben.

DIE LEINE IN DER TASCHE

Ich habe immer eine kleine Leine in der Hosentasche. Das gehört zu mir, zu meinem Leben mit den Hunden. Ich finde Leinen nicht uncool, für mich sind sie kein Zwang, keine Strafe. Den Hund anzuleinen, bedeutet für mich, dass ich Verantwortung übernehme für seine Sicherheit, für meine innere Ruhe, für die Sicherheit meiner Umwelt, für sein Vertrauen. Die Leine ist die beste Investition in eine Beziehung. Meine Schulung führt dazu, dass all meine Hunde, und ich bin meist mit einem guten Dutzend unterwegs, weder Halsband noch Leine brauchen. Denn sie sind gerne bei mir und hören immer und zu 100 % auf ihren Namen. Dennoch führt der Weg dorthin über das Arbeiten mit der Leine. Und ganz ehrlich, wenn ich einmal nicht auf einen der jungen Hunde aufpassen möchte, dann ist die Leine für ihn und mich ein sicherer Rahmen, der ihm, mir und der gemeinsamen Beziehung Halt gibt. Ich kann auf diese Weise unglaublich viel Kritik einsparen, meinen Jungspund in einen sicheren Raum nehmen und der Welt ihren Frieden lassen. Gut Ding will Weile haben.

Die Begrüßung

So auch bei einem der wichtigen Themen in der Junghundeausbildung, der Begrüßung. Begegnung schulen:

- mit Menschen
- mit Hunden
- mit anderen Tieren

Für diese Art der Begrüßung machen wir uns noch einmal das räumliche Denken bewusst. In unserer Tierschule gehört es zum Tagesgeschäft, dass wir Begegnungen schulen. Im räumlichen Denken gibt es verschiedene Begriffe, die Sie als angehender Glücksschmied erst noch erlernen und abspeichern sollten:

Raum halten = Sie bleiben ruhig stehen, können sich an Ort und Stelle um die eigene Achse drehen, aber verlassen die Krume Erde, die Sie besitzen, keinen Zentimeter.

Raum geben = Sie gehen einen oder gegebenenfalls mehrere Schritte rückwärts und laden Ihr Gegenüber auf Ihre Scholle ein.

Raum fordern = Sie gehen auf die Scholle des Gegenübers und versuchen, mehr Raum zu bekommen.

In Hundebegegnungen ist es leicht, mit dem Jo-Jo-Spiel und der Sicherheit der Leine die Räume ebenso wie den Hin- und Rückweg zu erklären.

Auf diese Weise sind Begegnungen friedlich und gut zu handeln.

Raum sichern = Sie verschließen mit der Leine den Raum Ihres Gegenübers nach hinten und verhindern, dass er den Ort des Geschehens verlässt.
Üben Sie diese Begriffe und die dazu gehörigen Handlungen wie in einer Tanzschule. Sie helfen Ihnen unglaublich, eine Souveränität und Führungskapazität zu entwickeln, die selbst Ihren Hund verblüffen wird.

ÜBUNG

DAS JO-JO-SPIEL

Beginnen wir mit dem Erarbeiten von Begrüßungen, dann benötigen wir diese Moves und auch das Wording.
Ihnen kommt ein Hund entgegen. Ein freundliches Exemplar, mit einem angenehmen Zweibeiner am Ende der Leine. Sie halten an und nehmen Ihren Hund in den Raum, der dem fremden Menschen abgewandt ist und bringen ihn in eine sitzende Position. Dann sichern Sie den Raum zu Ihrem Hund mit einer kurzgefassten, also stehenden Leine und positionieren sich so, dass Sie den Menschen sowie Ihren Hund im Blick haben. Sie begrüßen freundlich den Menschen und erkundigen sich, ob sich die zwei Hunde einmal Hallo sagen dürfen. Bei „Ja" sagen Sie zu Ihrem Hund: „Geh und sag Hallo", und nach einer Sekunde Nasenkontakt rufen Sie Ihren Hund mit dem Namen, und dem „Raum geben" wieder ab. Bei Ihnen angekommen, setzen Sie ihn vor sich in die Küche und loben ihn ausgiebig. Dann freuen Sie sich gemeinsam mit der anderen Person über Ihre Hunde, sind selbst ein bisschen stolz, dass es so gut funktioniert hat, und wiederholen diese Übung noch einige Male. Erst, wenn Sie keine Kritik benötigen, können Sie sich sicher fühlen, dass diese beiden Hunde etwas mehr Kontakt miteinander haben dürfen.

Erinnern Sie sich an Ihre Vision? Sie wollten einen Hund haben, der mit Ihnen frei durchs Leben gehen kann? Dann sind Sie gerade auf Erfolgskurs. Sie müssen es schaffen, Ihren Hund in jeder Situation zu erreichen. Nur dann können Sie ihm die volle Freiheit und auch die dazu gehörige Verantwortung zutrauen.

Ressourcentraining & Ressourcenmanagement

Orientieren statt Kritisieren ist das Credo dieser Arbeit, der Ausbildungsmethode der HarmoniLogie®. So wie in der Begrüßung arbeiten Sie nun auch Ressourcen wie Futter, Spielzeug und Leckereien. Hier ist es ratsam, die leichte Leine wieder aus der Hosentasche zu ziehen, damit Sie den Raum sichern können. Dann geben Sie Ihrem Hund seinen Lieblingsknochen. Sie halten Ihren Raum und sichern seinen mit der Leine. Nun sprechen Sie ihn mit dem Namen an. Der Knochen interessiert Sie nicht, nur und einzig und allein die Reaktion auf den Namen. Diese können Sie mithilfe der Leine nach Plan A und Plan B (siehe Seite 71) mit Leichtigkeit durchsetzen. Am Ende der Übung sitzt Ihr kleiner Sportsfreund vor Ihnen, schaut Sie freundlich an und Sie können ihn bitten, den Knochen abzugeben, damit er ihn unmittelbar wieder bekommt. Ein deeskalierendes Training, das wir mit den jungen Hunden ins Tagesprogramm einbinden.
Führen Sie Buch über Ihre Erfahrungen. Beschreiben Sie genau, was gut funktioniert und sich leicht anfühlt, und auch das, was Ihnen noch etwas Probleme bereitet. Notieren Sie Ihre Fragen und schauen Sie auch gerne einmal zurück, um zu erkennen, wie weit Sie schon gekommen sind.

DAS REGULATIV, DIE 7-NEIN-STEINE

Behalten Sie bei allem Ehrgeiz, einen feinen und schlauen Hund zu schulen, das Konto der Kritik im Auge. Mein Rat: Stecken Sie sich sieben kleine Kieselsteine in die Tasche. Mit jedem „Nein" wandert einer der Steine in eine andere Tasche. Mit jedem richtig gearbeiteten Lob darf er wieder zurück in die ursprüngliche Tasche. Auf diese Weise behalten Sie einen sehr guten Überblick über das Maß an Kritik im Einklang mit dem Lob.

Die Bindung

„Ich will dein Lieblingsmensch sein."

Sie sind im Rahmen Ihrer Ausbildung zum Glücksschmied bereits Bindungsexperte. Sie wissen ja, dass zwischen Ihre Finger immer und überall etwas Fell gehört, dass Sie Ihrem Hund immer und überall ein wunderbares Feedback geben, für all die Komplimente, die er Ihnen macht. Mit Ihrem intensiven Komfortzonentraining sind Sie inzwischen das Zuhause Ihres Hundes geworden, wie eine warme Küche, in der es warmen Kakao, Kuchen, Geborgenheit und Liebe gibt. Ihr kleiner Freund hat inzwischen verstanden, dass er zu Ihnen gehört. Und er lässt Sie immer häufiger spüren, dass Sie sein Lieblingsmensch sind. Bindungsarbeit hört jedoch nie auf. Intensivieren Sie Ihre Bindungsarbeit und halten Sie an all den wundervollen Bindungsritualen fest, auch wenn Ihr Hund nun bald erwachsen ist. Auch dann.

HORMONELLER STRESS?

Die hormonelle Entwicklung geht derweil ihren eigenen Weg. Diese Veränderung kann Stress erzeugen. Sollten Sie einen kleinen Rüden haben, den das hormonelle Treiben um sich herum, sprich die läufigen Hündinnen in der Nachbarschaft, kalt lässt, dann freuen Sie sich und fördern sein Interesse daran nicht unbedingt. Es kann aber auch sein, dass Sie an einen vierbeinigen Kollegen geraten sind, der massiven hormonellen Stress hat, nicht mehr frisst, alles markiert und wirklich unter dieser Belastung leidet. Dann lassen Sie sich bitte von Ihrem Tierarzt beraten, ob eine Kastration ratsam wäre.

Welche Begegnungen funktionieren gut und welche brauchen noch Unterstützung?

Achten Sie auf die Komplimente Ihres Hundes und geben Sie ihm ein positives Feedback. Immer.

KLUGE SPIELE FÜR SCHLAUE HUNDE

Beschäftigung fürs Hundehirn

Aufbau der Konzentration

Die kognitive Reife Ihres Hundes entwickelt sich nun explosionsartig. Lernen, verstehen, handeln, das will er. Wie ein trockener Schwamm saugt er nun Lerninhalte auf und lässt sich für alle möglichen Ideen begeistern, die Sie haben.
Strukturieren Sie Ihre Ideen und somit seinen Unterricht. Bauen Sie alles, was Sie von ihm wollen, systematisch und gründlich auf. Und bedenken Sie, Ihr Hund sieht zwar schon fast erwachsen aus und gibt es schon mal vor, es zu sein, aber er ist noch nicht einmal fertig ausgewachsen. In der Tat ist er noch blitzegrün hinter den Ohren.

Fördern Sie seine Konzentration.

DAS KLEINE MERKEN

Die Hunde, die bereits viel Freude am Apportieren haben, können hier im Nahbereich sehr schön weiterentwickelt werden. Das kleine Merken zum Beispiel regt den Geist ganz wunderbar an und lässt den Horizont und die Begeisterung stetig wachsen.

ÜBUNG

DAS KLEINE MERKEN

Die bisherigen Begriffe im objektbezogenen, unterlegenen Spiel haben Sie nicht nur in Ihrem Vokabelheft notiert, Sie haben sie auch schon gründlich mit Ihrem Hund erarbeitet: Nimm, Holen und Danke. Nun legen Sie zwei gleiche Gegenstände an einem Ort aus, setzen Ihren Hund neben sich ab und sagen zu ihm: „Merk es dir.“ Dann gehen Sie gemeinsam mit Ihrem Hund ein paar Meter weg, laden ihn zu sich ein, sodass Sie mit Ihrem Rücken zu den Gegenständen stehen, denn auf diese Weise haben Sie den Raum für den Hund bereits gut eingeteilt und können ihn wie auf einer Startbahn in die richtige Richtung einparken. Nun drehen Sie Ihren Körper neben den Hund, schauen auf die Gegenstände und sagen: „Hol den anderen." Welchen Ihr Musterschüler nun holt, ist egal. Er saust hin, nimmt einen Gegenstand auf und bringt ihn zu Ihnen zurück, so wie wir es im Spiel schon häufig geübt haben. Dann laden Sie ihn wieder ein, so wie beim ersten Mal, drehen sich zur Seite und sagen wieder: „Hol den anderen." Und Sie werden merken, wieviel Freude es ihm macht. Sowie das gut funktioniert, suchen Sie sich für Ihre zwei Gegenstände Orte zum Auslegen, die weiter auseinanderliegen, aber gut sichtbar sind und räumlich beide vor Ihnen liegen. Das macht die Arbeit für den kleinen Lehrling spannend und erweitert seinen Horizont. Bauen Sie solche Übungen ruhig, langsam und vor allem mit viel räumlichem Überblick auf. Überfordern Sie weder sich noch Ihren Hund, setzen Sie die Segel Ihres Trainings immer auf Erfolgskurs.

Die Wahl der Spielsachen

Die Wahl der Spielsachen ist in meinen Augen ein wichtiges Thema, ebenso der Umgang mit ihnen. Das wichtigste ist, dass die Spielsachen lebensmittelecht sind. Das bedeutet, dass sie frei von Mineralölen, Weichmachern, Farbstoffen usw. sind. Ihr Hund nimmt alles Mögliche zwischen die

Reife

Unter jeder Pfote ein Jahr! Im Ganzen können Sie damit rechnen, dass ein Hund vier Jahre braucht, um wirklich reif und ausgewachsen zu sein. Das wundervolle Geschöpf, das Sie nun am Ende Ihrer Leine vorfinden, gibt Ihnen eine Ahnung von demjenigen, der Sie in ein, zwei Jahren begleiten wird.

Bewältigte Aufgaben wie das „kleine Merken" machen Hunde schlau und selbstsicher.

Jeder Hund ist einzigartig und braucht einen individuellen Trainingsplan.

Zähne und wir können nicht verhindern, dass kleine Partikel davon abgerieben werden und unweigerlich im Organismus des Hundes landen. Spielsachen, die für Kleinkinder geeignet sind, sind meist daraufhin überprüft. Filzringe aus Schafwolle, abgeschnittene alte Jeans, mit Kork gefüllt, und vieles mehr können Sie selbst gestalten. Lassen Sie Ihrer Kreativität freien Lauf.

Damit Ihr Hund die Spielsachen nach Raubtiermanier nicht nach Herzenslust zerlegt, ist es sinnvoll, diese nicht zur freien Verfügung herumliegen zu lassen, sondern diese nach dem Spiel wieder wegzuräumen. Zum Zerlegen bekommt Ihr Hund ja einen Knochen. Diese kleine Hausordnung vermeidet viele Konflikte. Es gibt Hunde, die haben Vorlieben bei den Gegenständen, die sie ins Maul nehmen, und es gibt Hunde, die alles nehmen. Gehen Sie ruhig auf die Vorlieben ein. Erst einmal wollen wir unserem kleinen Freund zur Freude sein, dann spielerisch das Apportieren erklären, und später, wenn die Begriffe erlernt und verstanden sind, verändern wir wieder die Variablen, zum Beispiel auch die Wahl des Gegenstandes.

Trainingsdauer und Leistungskurve

„Frisch an die hohe Leistung und aufhören, wenn es am besten ist", gehört zu meinen Leitsätzen. Sie haben bereits im Tagesplan und Zeitmanagement wahrgenommen, dass die Trainingszeiten sehr kurz wirken, dafür aber häufig stattfinden. Die Konzentrationsfähigkeit auf neue Themen beträgt bei einem erwachsenen Menschen laut wissenschaftlicher Studie eine Minute und 30 Sekunden. Wir können durch kurze geistige Pausen immer wieder neu starten und somit die Kondition der Konzentration ausbauen.

TRAINING IN INTERVALLEN

Bei einem Hund, besonders bei einem so jungen, sollten Sie dies immer im Blick haben. Je kürzer das Training ist, umso besser wird sich das Lernverhalten entfalten. Arbeiten Sie mit gezielten Pausen, bieten Sie Ihrem Hund innerhalb der Pausen einen Pausenschmaus (Möhre, Apfel etc.) an und lassen Sie eine erholsame Ruhe entstehen, damit Sie gemeinsam gestärkt in das neue Trainingsintervall starten können.

MEIN GEHEIMREZEPT

Auf diese Weise werden Sie auch Zeit finden, um über die Leistungskurve nachzudenken und schnell lernen, diese zu optimieren. Sie können im Dialog mit Ihrem Hund wahrnehmen, wann die Antworten gut und prompt sind, ebenso wie Sie erkennen können, dass Ihr Hund plötzlich abgelenkt ist, herumschnüffelt, sich inkonstant oder unsicher zeigt. Arbeiten Sie so lange, wie er voll und ganz bei der Sache ist, dann hören Sie auf, packen Ihr gemeinsames Pausenbrot aus, kuscheln ein wenig und beginnen nach einigen Minuten erneut. Auf diese Weise entwickeln Sie eine Art Glücksspirale, die einen Sog zu Ihnen und eine Begeisterung für den Unterricht erzeugt.

008 **Kurzfilm mit der Kosmos Plus-App: Jo-Jo-Spiel, Ressourcentraining, Raum halten und Begrüßungen.**

5 Tipps für den Alltag

1. Die wichtigste Übung ist das Jo-Jo-Spiel in der Begrüßung. Üben Sie zunächst mit vertrauten Menschen oder Hunden und schulen Sie die Begrüßung wie auf Seite 131 beschrieben.
2. Üben Sie kleinschrittig die Situationen, in denen Ihr Hund sich unsicher zeigt, und arbeiten Sie nur so lange, bis Sie eine Veränderung wahrnehmen können.
3. Üben Sie das Raumhalten auch während Sie sitzen. Ihr Hund soll lernen, sich neben Ihren Stuhl zu legen, neben die Parkbank oder später auch neben Ihren Sitzplatz im Restaurant. Bereiten Sie Ihren Hund bewusst auf alltägliche Situationen vor, damit er sie später auch meistern kann.
4. Beginnen Sie, Ressourcen über das Jo-Jo-Spiel zu bedienen. Geben Sie Ihrem kleinen Freund, der sich an einer Leine befindet, einen leckeren Knochen und bitten ihn dann, zu Ihnen zu kommen. Egal, ob mit oder ohne Knochen. Erst, wenn er das gut macht, bitten Sie ihn, während er vor Ihnen sitzt, den Knochen wieder abzugeben, um ihn direkt wieder zurückzugeben. So lernt Ihr Hund völlig entspannt, mit Ressourcen umzugehen.
5. Vergessen Sie nicht die wichtigste Übung: das Bindungstraining! Bauen Sie es auch auf Spaziergängen und im fremden Ambiente ein. Es ist die kostbarste und wertvollste Übung überhaupt.

DER HUND GEHÖRT INS HANDGEPÄCK

Gemeinsam die Welt erkunden

Der Hund gehört an die Seite seines Menschen. Wenn wir nochmals auf die Aufzeichnung Ihrer Vision blicken, finden Sie möglicherweise auch diesen Wunsch wieder: Er soll Sie begleiten, frei und froh. Daher gehört auch Ihr Hund ins Handgepäck. Hier gibt es ein paar Kleinigkeiten, auf die Sie achten können, damit es reibungslos auf Ihren Reisen zugeht.

Die sichere Box

In einem Auto gilt ein Hund nach Straßenverkehrsordnung als Ladung, und eine Ladung muss gesichert sein. Das wissen Sie noch von Ihrer ersten Reise und das bleibt auch so, wenn Sie mit Ihrem Hund bereits ein gutes Team sind. Diese Box muss nach Tierschutzgesetz so groß sein, dass Ihr Hund darin aufrecht stehen und sich drehen kann. Warme, weiche Decken, gute Belüftung und Sonnenschutz sind immer wichtig, sommers wie winters. Dass Sie im Schatten parken und für ein angenehmes Klima mit niedrigen Temperaturen sorgen, haben Sie gewiss immer im Kopf. Und es macht Sinn, sich Zeit dafür zu nehmen, dem Hundekind die Dos and Don'ts im Straßenverkehr zu erklären. Und zu den Dos gehört Ruhegeben ebenso, wie zu den Don'ts das Anbellen der Außenwelt. Es ist für Sie, für den Hund und den Straßenverkehr wichtig, dass der Hund Sie während der Fahrt nicht stört. Haben Sie einen kleinen Kollegen, der eine Neigung dazu hat, dann sollten Sie sich Zeit dafür nehmen, es zu üben. Und dafür brauchen Sie einen Chauffeur, damit Sie selbst den Unterricht: „Wie bin ich still im Straßenverkehr" leiten können. Arbeiten Sie das an einer kurzen Leine, die Sie durch die Box fädeln und üben Sie hier die Ansprechbarkeit nach Plan A und Plan B, wie auf Seite 71 beschrieben.

Das Doggibag

Gut gerüstet auf die Reise: das Doggibag. Sie erinnern sich vielleicht noch an die Zeit, in der Sie mit Kindern unterwegs waren oder in der Sie als Kind mitgefahren sind: Capri Sonne, Pixibuch, Kassettenrekorder, mit Butterkeksen und Apfelspalten … Taschentücher, Feuchttücher und eine warme Jacke. So ähnlich funktioniert auch ein Doggibag.

Was Sie brauchen:
- Kotbeutel
- Frisches Wasser
- Pausenschmaus wie Apfel/Möhre/Markknochen, sowie etwas Futter

Ein Doggibag – die Reisetasche für vierbeinige Abenteurer.

- Spielzeug
- Feuchttücher
- Küchenrolle
- Handtuch

Damit wären Sie voll und ganz ausgestattet, um mit Ihrem Liebling kleinere oder größere Ausflüge zu gestalten. Futterreserven nehmen Sie immer umgerechnet so viel mit, wie Sie brauchen, plus einen Tag extra.

Passkontrolle

Sprechen Sie vorher mit Ihrem Reiseziel ab, ob Hunde erlaubt oder sogar willkommen sind. Bei Auslandsreisen überprüfen Sie bitte den verlangten Impfstatus und führen immer den Impfpass Ihres Hundes mit. Bei Fragen hierzu wenden Sie sich bitte an Ihren Tierarzt, der Ihnen die entsprechenden Reisedokumente ausstellt.
In fremder Umgebung kann es sein, dass Ihr Hund erst einmal sehr aufgeregt ist. Erinnern Sie sich an den ritualisierten Tagesablauf, die geregelten Futterzeiten, die Ruhezeiten und das Komfortzonentraining. Erinnern Sie sich vor allem an den sicheren Rahmen der Leine und die gute räumliche Struktur. Bedenken Sie, dass Sie auch in der Fremde Ihrem Hundekind das Zuhause darstellen. Die Menschen, die als erstes an den Hundestrand fahren, um dort die Leine zu lösen, üben sehr gezielt einen manifesten Kontrollverlust, der in der Reparatur sehr aufwendig ist. Das können Sie sich ersparen, wenn Sie den Überblick über das Alter und den Ausbildungsstand Ihres Hundes behalten. Möglicherweise haben Sie im Kopf, dass Sie mit Ihrem Hund noch die nächsten 15 Jahre an den Hundestrand fahren können, Sie aber zuerst einmal schauen, ob Ihr Hund wirklich immer ans Handy geht, wenn Sie ihn anrufen, auch in der Fremde. Beschreiben Sie Ihre erste Reise, Ihre Erlebnisse und erinnern Sie sich, was richtig gut funktioniert hat, und was vielleicht noch schwierig war.

Dem Hund ein Zuhause sein

Häufig erkennt man in diesen, dem Alltag entrückten Situationen, inwieweit man bereits das Zuhause für seinen Hund ist, ob die Kommunikation verbindlich funktioniert und ob der Zugang, den Sie zu Ihrem Hund erarbeitet haben, sicher und stabil ist. Ebenso können Sie überprüfen, wie gut Ihr räumliches Denken ist, wie gut Sie Situationen erfassen und deeskalieren können, und wie es Ihnen gelingt, Ihren Hund zu orientieren anstatt zu kritisieren.

Vor allem aber werden Sie spüren, wie stark Ihre Bindung zu Ihrem Hund geworden ist, wie häufig sein Ausdrucksverhalten voller Komplimente und Zuneigung, ja, echter Bindung ist, wie sehr er sein Hundeherz mit seinen Pfoten in Ihre Hände legt. Widmen Sie sich wieder einmal dem Ausdrucksverhalten Ihres noch so jungen Hundes und fördern Sie ihn in dem, was Ihnen gut gefällt. Und Zugewandtheit ist, denke ich, ein Punkt eines jeden Wunschzettels. Die räumliche Zugewandtheit, das Drehen des Kopfes in Ihre Richtung, Ihren Blick suchen, ein Ohr zu Ihnen wenden, sich räumlich auf Ihre Eisscholle bewegen, Körperkontakt suchen, sich auf die Füße legen, sich anlehnen, ein Schmusen erbitten, schlicht ein Aufsuchen Ihrer Nähe gehört in die Abteilung der Bindungsarbeit Ihres Hundes.

Sein leibliches Ausdrucksverhalten sollte grundsätzlich weich mit Lidschlag, Maulaktivität, beweglichem Ohr, einem beweglichen Rücken und einer aktiv wedelnden Rute sein. Durch Ihr positives Feedback auf sein wunderbares Ausdruckverhalten lernt Ihr Hund ganz leicht und beiläufig, dass es sich lohnt, mit Ihnen in Kontakt zu sein. Machen Sie sich das immer wieder bewusst.

Der zugewandte Hund lacht nicht nur, er macht dem Menschen auch gerne Komplimente.

FAQ MIT ANNE

Was mache ich, wenn mein Hund ...

... sich nicht gut konzentrieren kann?

... sich sehr für Außenreize oder andere Hunde interessiert?

... wildorientiert ist?

... überall alles fressen möchte?

... in fremden Situationen offline gerät?

All diese Themen sind ein Zeichen dafür, dass der jeweilige Vierbeiner noch nicht ausreichend an den Hilfen steht, noch nicht genügend Orientierung über die Ansprache erfährt. Die Ansprechbarkeit sollte deutlich intensiver und in überschaubarer Reizlage geschult werden.
Wichtig: Bitte nicht das Komfortzonentraining und Bindungsprogramm aus den Augen verlieren. Häufig überfordern Menschen sich und ihren Hund mit zu schwierigen Situationen, die vielleicht zu dieser Zeit noch nicht bewältigt werden können, da der Zugang noch zu instabil ist. Bald schon stellen solche Situationen keine Schwierigkeit mehr dar. Erfahrung, Führungskapazität und ein sicherer Rahmen sind die ersten Schritte für die jungen sechsbeinigen Partnerschaften.
In Situationen, in denen die gemeinsame Spur ins Wanken gerät, ist es wichtig, dass der Mensch den Raum mit der Leine sichert, lernt, den Hund im rechten oder linken Raum zu halten und als erstes versucht, die Situation durch eine innere und äußere Ruhe zu beruhigen. In einem ruhigeren Ambiente erarbeiten Sie sich wieder die Ansprechbarkeit und das aktive Loben.

... unsicher bis ängstlich ist?

... phlegmatisch und faul ist?

... aggressiv zu anderen Hunden oder auch Menschen ist?

Auch hier fehlt die räumliche und emotionale Orientierung. Arbeiten Sie deutlich intensiver an dem Lob und intensivieren Sie die Ansprache. Ob unsicher, aggressiv oder faul: Nur wenn Ihr Hund sich von Ihnen orientieren lässt, können Sie ihm helfen, sein Verhalten zu korrigieren, Vertrauen zu fassen, aktiv zu werden oder anstatt einer Aggression eine Freundlichkeit zu entwickeln.

Notizen

Unsere Erlebnisse

„In der Freiheit einen sicheren Rahmen schenken, im sicheren Rahmen die Freiheit schenken."

Meine To-Dos

Meine Trainingsziele

Meine Fragen

Der Blick nach vorne

- Bald schon ist das Wachstum abgeschlossen.
- Es werden in den kommenden Wochen und Monaten plötzlich Kapazitäten freigesetzt, die sich in positiver Energie, Wissensdurst und Lebensfreude darstellen.
- Das Grundgerüst, das Sie Ihrem Hund gegeben haben, ist stabil. Es steht auf Bindung, Ansprechbarkeit und Lobbarkeit.
- Nun ist Ihr Hund eine richtig kleine Persönlichkeit geworden, ein Charakter, ein Individuum, das ein stabiles und festes Band der Bindung zu Ihnen geknüpft hat.
- Die Aufzuchtphase wird nun ganz sanft und gleichmäßig in die Phase der Ausbildung übergehen. Sind Sie bis hierhin gekommen, dann haben Sie schon alles richtig gemacht.

WHISKEY

Aus dem Alltag Erst wusste ich nicht, dass ich so einen Zwerg brauche, und dann wusste ich nicht, wie sehr ich mich in einen Hund verlieben kann. Er hat Witz, Charme, positive Energie, ein beneidenswertes Selbstbewusstsein, benimmt sich aber immer wie ein Gentleman. Er ist alles, aber kein Schoßhund. Inzwischen kommen wir mit der Fellpflege und dem Styling seines Plüschfells gut zurecht, und jedes Mal, wenn er dreckig ist, läuft er bereits allein zur Badewanne und lässt sich problemlos duschen und abtrocknen. Ansonsten ist er seinem Motto treu und spendiert seinen Humor sehr großzügig.

Ausbildungsstand Er beherrscht inzwischen das Sitz-Signal, hört 100%ig auf seinen Namen, kann mich frei überallhin begleiten, läuft am Rad ca. 3 km und apportiert wie ein Weltmeister. Er ist mir immer eine Freude. Er hat eine hohe soziale Kompetenz und ein immer fröhliches Gemüt.

Was wir im Auge behalten Allerdings hat das kleine süße Ding einen ziemlichen Jagdtrieb, mit dem ich nicht gerechnet habe. Krähen, Enten und auch Rehe würde er zu gerne aufs Korn nehmen. Da muss ich häufig mit der ziehenden Hilfe, also seinem Namen, für das Einhalten des Raumes und der Achtsamkeit sorgen. Das macht er allerdings gut. Die Stubenreinheit hat nun auch Herr Whiskey verstanden.

Sein Ausdrucksverhalten ist positiv aktiv. Er sucht den Kontakt zu freundlichen Hunden und schafft es im Handumdrehen, sie zum Spiel zu motivieren, wobei er gut darauf aufpassen kann, dass er nicht unter die Räder kommt. Bei Besuchen in der Stadt merke ich, dass ich noch exakter an der Spur arbeiten muss. Je höher die Reizlage, umso weiter weg ist Herr Wiskey. Dieser Aufgabe werde ich mich im nächsten halben Jahr widmen. Im Training vergesse ich oft, wie klein und zart er ist, denn er macht es wie die Großen.

Aus dem Nähkästchen

JUICE

Aus dem Alltag Das Training an der Herde tut ihr unendlich gut. Sie lernt sehr schnell, und ist eigentlich schon zu weit für ihr Alter. Sie fasziniert mich mit ihrer großartigen, leistungsbereiten und dennoch leichten Art. Das sperrige Verhalten ist fast nicht mehr zu erkennen. Sie liebt es, auf meinen Füßen zu liegen und benimmt sich im Alltag federleicht. Juice ist für mich der Beweis dafür, dass sich ein Individuum in seiner Leidenschaft entfalten sollte, dann entsteht wahres Glück.

Sportprogramm Ihr Sportprogramm wird ausgeweitet und sie läuft bereits an den Tagen, an denen sie nicht ins Training geht, schon 4–5 km bei 12 km/h. Und sie läuft es mit einer großen Selbstverständlichkeit und ist sehr zufrieden mit ihrem Leben.

Was wir im Auge behalten Das einzige Manko ist, dass sie in Windeseile Leinen durchbeißt. Aus diesem Grund hat sie eine Führkette als Leine bekommen.

Sie ist für mein Empfinden noch etwas zu festgehalten, fast beobachtend. Doch sobald ich sie zum Spiel motiviere, kann sie sofort loslassen. Working Border Collies leben für die Arbeit an den Herden und sollten hier mit großer Sorgfalt und Disziplin gefördert werden. Seit drei Jahrzehnten bilde ich diese Hunde professionell an den Herden aus und weiß um die Problematik dieser Spezialisten. Juice ist ein hochintelligenter, sehr sensibler Hund, die mit extrem viel Potenzial und Leistungsbereitschaft ausgestattet ist. Ich freue mich sehr auf das, was da vor uns liegt.

Ihr Ausdrucksverhalten ist wechselhaft von extrem angespannt, geschlossenem Maul, hoher Körperspannung bis hin zu aktiv, infantil und zugewandt. Ihre Konzentration ist einfach überragend und ihre körperliche Fitness von Ausdauer und Leichtigkeit geprägt. Sie benutzt ihren Körper wie eine Feder. Es ist eine Freude, diesen Hund ausbilden zu dürfen.

Aus dem Nähkästchen

JODA

Aus dem Alltag Der Lausbub wächst und wächst. Er ist so unfassbar verschmust, liebenswert und so sehr mit sich beschäftigt. Man muss Molosser einfach lieben. Die räumliche Orientierung über seinen Namen ist für uns das wichtigste, denn darüber können wir ihm positiv die Welt erklären und ihn aus schwierigen Situationen, in Ressourcenkonflikten oder bei Reizlagen, umgehend deeskalierend orientieren. Herdenschutzhunde sind ihren Menschen gegenüber sehr loyal. Sie lieben ihren Clan und tun alles für diesen. Aber sie haben enormes Potenzial der Verteidigung, und eben dieses muss in die richtigen Bahnen gelenkt werden. Sie sind dafür gemacht, selbstständig zu arbeiten, was in der freien Bergwelt Sinn macht. In unserer eng besiedelten Gesellschaft ist es sinnvoll, dass diese Hunde auch lernen, sich gut führen und orientieren zu lassen. Es sind genau wie Juice Spezialisten, die von Spezialisten geschult und geführt werden sollten. Sie brauchen eine sehr disziplinierte Aufzucht und Ausbildung.

Ausbildungsstand Und genau das steht jetzt auf Jodas Stundenplan. Das Jo-Jo-Spiel, die Bindungsarbeit, die Ansprechbarkeit. Die Lobbarkeit ist richtig gut bei ihm geworden, er spielt gerne und kuschelt wie ein Weltmeister. Wir wissen, dass dieser Hund am Ende ein Körpergewicht von 65 kg haben kann und eine Beißkraft wie ein Löwe. Dennoch ist er ein Hundekind, dass einfach Schutz, Geborgenheit, Ansprache und ein bisschen auch ein Regulativ benötigt. Aber vor allem braucht er Liebe.

Sein Ausdrucksverhalten zeigt sich in einem weichen, beweglichen Gesicht, mit aktivem Maul, zugewandtem Auge und viel Lidschlag. Sein Rücken ist weich, sein Gang ist koordiniert, wenn auch noch etwas wackelig. Es ist leicht, ihn zum Lachen zu bringen oder ihn in ein Spiel zu verwickeln. Er wird anderen Hunden gegenüber immer weicher und versteht mehr und mehr, dass er auch Raum geben kann. Er ist witzig, anhänglich und verschmust.

Aus dem Nähkästchen

LUNA

Aus dem Alltag Damit Luna schnell von mir zu meinem Bruder kommt, hat sie nun als großes Thema die Reisetauglichkeit. Sie soll lernen, in dem Flugzeug meines Bruders mitzufliegen, lange Strecken im Auto zu fahren und muss dazu auch noch viele Stunden im Büro warten können, während andere Arbeiten anstehen. Sie muss exakt Spur halten, darf nicht vor den Rollator oder zwischen die Gehhilfe geraten, soll am Bett der Patienten sitzen und es genießen, wenn die fremden Hände ihr weiches Fell streicheln, und sie soll den Menschen helfen, ihr Herz zu öffnen und sie motivieren, aktiv und mobil zu werden, wenn sie in der mobilen Geriatrie mitarbeitet. Sie hat einen umfassenden Auftrag, der Ruhe, Disziplin und Freundlichkeit erfordert. Genau darauf bereiten wir sie nun vor.

Sportprogramm & Ausbildungsstand Ihre körperliche Auslastung erfährt sie über ein stets steigendes Laufpensum am Rad, beim Joggen oder auch Schwimmen. Sie wirkt wie maßgeschneidert für dieses Jobprofil und sie macht jeden Tag das Beste daraus. Ihre Ansprechbarkeit ist großartig geworden, sie ist immer online.

Woran wir noch arbeiten Sie kann noch nicht lange liegenbleiben und warten, wenn sich ihr Mensch um sie herum bewegt. Sie springt manchmal auf und saust zu ihrem Menschen. Es ist zwar falsch aufzuspringen, es ist aber nichts falsch daran, zu ihrem Menschen zu wollen. Sie arbeitet bereits regelmäßig am Rollstuhl und wir suchen auch immer wieder schwieriges Ambiente, um sie vorzubereiten.

Ihr Ausdrucksverhalten ist geöffnet, beweglich und zugewandt. Sie hat eine hohe soziale Kompetenz und eine enorme Bereitschaft, sich auf neue Situationen einzustellen. Mit dem gelernten Spielverhalten kann ich sie immer und überall lösen.

Ihr Motto heißt ganz klar: Wenn Hunde lachen, dann entsteht Glück.

40. – 48. Woche

„Glück ist die persönliche Messlatte für das innere Gleichgewicht."

GUTE RITUALE

Der Weg zum gemeinsamen Glück

Seit acht Monaten haben Sie nun einen vierbeinigen Schatten. Einen kleinen Helden auf vier Pfoten oder auch ein großes Herz aus Fell an Ihrer Seite. Wenn Sie zurückblicken, werden Sie erkennen, wie weit Sie gekommen sind. Doch schauen Sie auf das Jetzt, dann spüren Sie, wie wunderbar die vielen kleinen Rituale zwischen Ihnen und Ihrem Hund Ihren Alltag bereichern. Sei es das Spielen, das Lernen, das Kuscheln, der Sport. Sie merken, wie gut es Ihnen tut, dass da jemand ist, der Ihnen uneingeschränkt zuhört, vorwurfsfrei an Ihrer Seite ist und sich nach und nach zum besten Fitnessbegleiter aller Zeiten entwickelt. Ihr Hund, und das merken Sie, sucht Sie, aktiviert Sie und liebt Sie. Und genauso liebt auch er die guten Rituale, die Sie gemeinsam miteinander teilen. Sei es beim Füttern, sei es in der Mittagsstunde oder morgens beim Aufwachen und Nase an Nase den Tag besprechend.

An- und Ableinen

Sinnvolle Rituale sind nun ebenso angebracht. Zum Beispiel das An- und Ableinen. Gestalten Sie es ritualisiert und geben Sie sich und Ihrem Hund Sicherheit.

Was sind unsere Lieblingsrituale?

Erst mit Leine, dann ohne! Der sichere Raum der Leine, die gute Ansprechbarkeit und das gelungene Spiel ermöglichen dem Hund angeschlossene Freiheit. Wenn Hunde lachen, entsteht Glück.

ÜBUNG

AN- UND ABLEINEN

Rufen Sie Ihren Hund mit dem Namen zu sich und setzen Ihn vor sich in die „Küche". Halten und sichern Sie den Raum (siehe Seite 31). Nun beginnen Sie mit dem Lob, so lange, bis das Lob wirkt. Dann lösen Sie den Karabiner und geben noch einmal einen Schritt Raum, um Ihren Hund noch einmal zu Ihnen einzuladen. Hier loben Sie noch einmal etwas ruhiger und dann lassen Sie ihn mit einem Pausensignal entspannt in die Pause gehen. Dies ist wie das Kleingeschriebene im Umgang mit dem Hund, dass das Zusammenleben einfach sehr schön macht. Gestalten Sie viele Dinge, die sich für Sie als nützlich oder gut erweisen, ritualisiert. Das hilft Ihrem Hund, sich klar und verbindlich an die Regeln zu halten.

009 **Kurzfilm mit der Kosmos Plus-App: Hier sehen Sie das An- und Ableinen der Hunde im Wald.**

Die Dynamik im Spielverhalten sollte immer gecoacht werden, damit es nicht eskaliert.

Überforderung vermeiden

Groß und erwachsen sieht er aus, Ihr Hund. Es ist mehr Schein als Sein. Glauben Sie mir, Sie können getrost noch Welpe zu ihm sagen. Er wird sich nicht dafür schämen. Und Ihr Welpe ist zu diesem Zeitpunkt eine Mogelpackung. Er macht vielleicht gerade eine pubertierende Phase durch, vielleicht ist er aber auch noch nicht weit genug geschult. Daran sollten Sie denken, wenn Fehler passieren. Die Möglichkeit, diesen kleinen Kerl mit großen Schuhen durch eine zu lange Trainingszeit, zu hohe Anforderungen, zu schwierige Aufgaben zu überfordern, ist naheliegend. In meinem Coaching biete ich in diesem Lebensabschnitt häufig eine Trainingspause an, damit Hund und Mensch sich auf das Wesentliche besinnen und der inneren Reife die Zeit geben, die sie braucht, um sich zu entfalten.

Fehler und Fehler in unserem Sinne

Lernen ausschließlich über positive Signale ist wohl kaum möglich. Stellen Sie sich vor, Sie sollten lernen, Klavier zu spielen und Sie bekommen nur gesagt, wenn es richtig ist. Es wäre fatal, denn Sie würden endlos lange brauchen und auch keinerlei Kritikfähigkeit erlernen. Zum Bauplan der Natur gehört ein Sich-Ausprobieren, ein Austesten der Grenzen, ein Erleben von Versuch und Irrtum. Und dazu gehört auch, dass ein Fehler nichts Schlimmes, nichts Demütigendes ist, sondern nur eine Grenze, an der man feststellt, dass es hier nicht weitergeht. Das nennen wir Regulativ. Ein kleines heranwachsendes Raubtier wächst, lebt und lernt nach den Gesetzen der Natur, nicht nach den Vorstellungen menschlicher Psychologie und unseren abstrakten Werten. Es braucht Bindung,

Das Jo-Jo-Spiel hilft, wenn es zu wild wird.

Halt und Regulativ. Sonst kann ein heranwachsendes Wesen lernen zu enthemmen.

FEHLER NICHT GLEICH FEHLER

Es gibt

1. die sogenannten falschen Fehler, und davon im Ganzen nur zwei Stück an der Zahl,
2. die Fehler in unserem Sinne und
3. Fehlverhalten, das zum Hund gehört, weil er ein Hund ist und durch positive Orientierung gelenkt werden sollte.

Zu 1. Beginnen wir mit den falschen Fehlern. Als falsche Fehler können Sie das Nicht-Reagieren auf den Namen werten, ebenso wie ein spontanes Verlassen der heimatlichen Grenze, was sich durch Wegdrängen an der Leine oder im Freilauf äußert. Ausschließlich diese beiden Fehler werden direkt über die Störbarkeit kritisiert. Das heißt, dass Sie nur in diesen Fällen mit einem „Nein, nein, nein" darauf reagieren und gegebenenfalls die Leine ausschütteln oder Ihr Hundekind anderweitig aufwecken.

Zu 2. Ein Fehler in unserem Sinne ist ein Verhalten, in dem der Hund vielleicht noch nicht die Lösung weiß, aber innerhalb des Teams versucht, alles richtig zu machen. Das beste Beispiel ist der Hund, der liegen bleiben soll. Das kann er aber vielleicht noch nicht. Wenn er aufsteht und zu Ihnen rennt, macht er nichts falsch. Wenn ein Kind nicht weiter weiß und nach Hause läuft, ist daran nichts verkehrt. Sie gestatten mir an dieser Stelle den Vergleich zu unserer menschlichen Gesellschaft. Falsch wäre, wenn der Hund aufstehen und einer Ente oder Katze nachjagen würde. Dann dürften wir stören. Im ersten Fall wird die Aufgabe in kleinere Teilschritte zerlegt und langsamer gearbeitet und mit Wiederholungen unterstützt.

Zu 3. Hunde machen Dinge, die sie tun, weil sie Hunde sind. Nicht alle ihre Hobbys passen in unsere menschliche Welt. Jedes Interesse an einem Katzenhaufen oder der Katze selbst, an einem Vogel oder einem anderen Hund ist natürlich. Natürlich ist für uns aber auch, dass es regulierbar sein sollte. Und dieses Regulativ erreichen wir hier mit dem Namen. Sie ahnen es, ich will Sie wieder an Plan A und Plan B von Seite 71 erinnern. Ja, genau, das ist das Geheimrezept zum Glück. Orientieren statt kritisieren ist der Ansatz, den wir brauchen, um einen lenkbaren, freundlichen und entspannten Hund an unserer Seite zu haben. Mit positiver Orientierung können wir schwierige Situationen entspannen und Nähe und Distanz mit Leichtigkeit steuern.

SPORTLICHE AUSLASTUNG

Fit durchs Leben

Wandern, Radeln & Co.

Immer wieder rede ich von Sport, Fitness für Mensch und Hund. Und ja, es ist mein Glücksrezept. Sportliche Auslastung gehört zum Bauplan eines Hundes. Als Beutegreifer stehen sportliche Disziplinen wie Laufen, Rennen, Springen, Schwimmen, Klettern und Ausdauer auf dem Tagesplan. Für jeden Hund individuell angepasst und immer der körperlichen Situation angemessen. Ihr Hund ist im Geiste vielleicht noch grün, aber der Körper braucht Auslastung und auch ein Stück weit Belastung, damit er sich schlank und stark entwickeln kann. Zweimal am Tag um den Block reicht den wenigsten Hunden aus. Es ist langweilig und anstrengend mit einem so schweren Menschen am Ende der Leine das Viertel zu durchforsten.

Seite an Seite durchs Leben, das ist unser Ziel.

Spannender wäre ein tolles, geistreiches Training im Garten und eine kleine Radtour (4–5 km bei 9–12 km/h), bei der das Adrenalin abgearbeitet werden kann und das Lauftier Hund zu seinem Recht kommt.

Fazit: Teilen Sie Ihre tägliche Beschäftigung mit Ihrem Hund in sinnvoll genutzte Zeit auf: Lernen und Spurhalten oder Sportprogramm mit Auslastung. Auf diese Weise fördern Sie die Entwicklung Ihres Hundes zu einem gesunden, ausgelasteten Gefährten, der auffällt durch Nicht-Auffallen.

AUSFLUG MIT FREUNDEN

Ihr Hundekind soll auch sozial kompatibel werden. Freundlich, unaufdringlich, lustig. Es gibt tatsächlich Hunde, die sind das von Natur aus. Das sind allerdings sehr wenige. Die meisten Hunde müssen soziale Kompetenz erst erlernen. Hier greift dieselbe Strategie wie im Fehlverhalten. Sie erinnern sich an Punkt 1–3 und an das Jo-Jo-Spiel? Lernen Sie, Ihren Hund im Umgang mit anderen Hunden zu coachen. Bringen Sie ihm bei,

Sport, Spiel, Spur und geistige Auslastung gehören untrennbar zu einem erfüllten Hundeleben.

dass es einen Hin- und auch Rückweg gibt. Helfen Sie ihm, aus der Enge eines echten Hundegesprächs auch wieder herauszufinden. Je besser Sie das coachen, je besser Ihr Hund sich von Ihnen orientieren lässt, um so leichter wird es Ihnen und Ihrem Hund fallen, schwierige Situationen zu deeskalieren. Es ist der Hin- und Rückweg, der das Leben leicht macht. Nur der Hinweg gleicht einer Never-come-back-Airline, die unweigerlich sofort Ressourcendruck und Dominanzgekasper nach sich zieht. Weiß Ihr Hund aber, dass es sich lohnt, wieder zurückzugehen, kann er später kompetent mit Spannungen umgehen. Treffen Sie sich häufig mit seinen Freunden und deren dazugehörigen Menschen. Und bedenken Sie: Jedes Spiel ist immer so lange gesund, solange es leicht zu unterbrechen ist.

Nutzen Sie die gemeinsame Zeit nicht nur, damit die Hunde spielen können. Üben Sie zuerst das Jo-Jo-Spiel und lassen Sie sich dann auf gemeinsame Abenteuer ein.

010 **Kurzfilm mit der Kosmos Plus-App: Hier sehen Sie Fuzzi, Sophie und Whiskey im Spiel.**

GEZIELTE AUSBILDUNG

Die Einschulung

Es ist nun eine Zeit gekommen, in der Sie anfangen sollten, sich der Ausbildung Ihres Hundes in kleinen Abschnitten gezielt zu widmen. Was auch immer Sie anstreben, Therapie, Jagd, Hüten oder Apportieren, beginnen Sie gezielt mit Ihrem Hund, in die von Ihnen beiden favorisierte Ausbildungsrichtung zu gehen. Fördern Sie seine und auch Ihre Leidenschaft und genießen Sie das, was da nun vor Ihnen liegt. Die Zeit ist reif für echten Input. Die Bindung ist stabil und Ihr Hund hat verstanden, zu jeder Zeit ans Telefon zu gehen, wenn Sie anrufen. Ebenso haben Sie gelernt, immer bereit für einen Dialog zu sein, wenn Sie Ihren Hund angerufen haben. Eine großartige Zeit ist es, in die Sie nun hineinsteuern, eine Zeit, bei der man sich wünscht, sie würde nie enden.

In ruhigem Ambiente den Unterricht beginnen.

Was meine Hunde gelernt haben

Sie haben gewiss auch in mein Tagebuch hineingeschaut und erfahren, wie sich der Schoßhund und der Herdenschützer entwickeln, was der Leistungshund und der Therapiehund in diesem Alter machen. Herausgefunden haben Sie, dass sie alle dasselbe tun. Sie lernen, dem Menschen zu vertrauen, geliebt, geschützt und umsorgt zu werden. Sie lernen, dass der Mensch ihr Zuhause ist und dass es sich lohnt, innerhalb der heimatlichen Grenze zu bleiben. All diese Hunde haben gelernt, immer und überall auf ihren Namen zu reagieren und sich ihrem Menschen zuzuwenden. Sie haben gelernt, dass sie Fehler machen können und dass ihnen dann geholfen wird und sie haben gelernt, immer und überall zu lachen, wenn ein guter Witz erzählt wird. Ihr Ausdrucksverhalten ist frei von Spannung und gefüllt mit innerer Losgelassenheit.

... UND WAS NICHT

Nicht gelernt haben sie, dass der Verlust der Leine auch den Verlust des Dialoges bedeutet, dass ihr Mensch voll toxischer Spannung sich an ihnen entlädt und dass der Hase besser ist als das Leckerchen.

Nicht gelernt haben sie, dass ihr Mensch sie überfordert und beim Wachsen stört, und nicht gelernt haben sie, dass sie keine körperliche Auslastung erfahren, sondern nur langweilig dieselbe Runde ihren Menschen hinter sich herziehend laufen, und das jeden Tag.

011 **Kurzfilm mit der Kosmos Plus-App: Hier sehen Sie die vier Säulen der HarmoniLogie®.**

Die vier Säulen und drei Aspekte der Antwort

Es sind vier Werkzeuge, die Sie als Glücksschmied benutzen, oder sagen wir Säulen, auf die Sie Ihren Schützling aufbauen. Von den ersten dreien haben Sie bereits immer wieder gehört: Ansprechbarkeit, Lobbarkeit und Störbarkeit sind Ihnen in diesem Buch immer wieder begegnet. Und zu guter Letzt gibt es noch die Abgrenzbarkeit. Sie gibt die Möglichkeit, über den Raum zwischen Ihnen und Ihrem Hund zu bestimmen, ihn in Nähe und Distanz ebenso wie in der Laufrichtung steuern zu können.

Sie erinnern sich an die Vokabeln:

- Raum halten,
- Raum sichern,
- Raum geben?

Und nun kommt noch „Raum fordern“ dazu.

Mit liebevoller Disziplin wird der Unterricht kurzweilig und spielerisch zum Highlight des Tages.

Wenn wir Menschen lernen, dem Hund ein freundliches Regulativ anzubieten, ist vertrauensvolle Nähe kein Problem. Jedes Raumfordern endet mit einem Raumgeben und Komfortzonentraining.

RAUM FORDERN

Es ist ein räumliches Regulativ, das auch Ihrer Beziehung mit Ihrem Hund guttut. Es ist die Abgrenzbarkeit, der Moment, in dem Sie Ihren Hund bitten können, etwas mehr Abstand zu Ihnen aufzubauen und er es entspannt und freundlich tut.

ÜBUNG

RAUM FORDERN

Dieses „Raum fordern" üben Sie ruhig, sicher und langsam. Ihre räumliche Sprache fordert gleichmäßig und freundlich etwas mehr Abstand zu Ihnen, indem Sie ein Bein stehen lassen und mit dem anderen mit einer Vorwärtsbewegung auf die Schulter des Hundes zugehen. Ihr Hund sollte nun freundlich und entspannt ausweichen und so Raum geben. Studieren Sie das Raumfordern gründlich im Film und arbeiten Sie es in einem entspannten und ruhigen Ambiente. Zunächst geht es nur darum, dass Sie Raum fordern können, noch gar nicht darum, wie. Es ist gar nicht so einfach, wie es sich hier liest, die Rückwärtsbewegung gegen eine Vorwärtsbewegung zu tauschen. Nehmen Sie sich Zeit, das Grundgerüst der Ausbildung Ihres Hundes auf vier stabile Säulen zu stellen.

DIE DREI ASPEKTE DER ANTWORT

Die drei Aspekte der Antwort sind ein einfaches und immer und überall anwendbares System. Prompt, freundlich und korrekt soll die Antwort Ihres Hundes sein. Das prägt sich leicht ein und das kann man schnell überprüfen. In der Lehre der HarmoniLogic® heißen diese drei Aspekte

1. Die Unmittelbarkeit der Reaktion
2. Die korrekte innere Haltung
3. Die korrekte Ausführung

Bedenken Sie bitte, dass die ersten zwei Aspekte die wichtigsten sind. In die korrekte Ausführung können wir später, wenn das Hundekind groß ist, hineinfinden.

Gutes Management als Erfolgsgarant

Was für ein Wandel Ihrer Rolle zum Hund! Vom Kidnapper zum Coach und vom Erziehungsberechtigten zum Manager. Alle Verantwortung für Ihr gemeinsames Glück liegt in Ihren Händen. Von Fütterung bis Sportprogramm, von Vokabelheft bis räumliches Denken. Durch Ihren Hund konnten Sie viel lernen, über sich, Ihr Ausdrucksverhalten, die Naturgesetze der Sprache. Je besser Ihr Management um den Hund ist, durch eine klare, geordnete Tagesstruktur, einen guten Überblick über den Speiseplan und eine ausreichende Auslastung für seinen Geist und Körper, umso einfacher ist das Leben mit Ihrem vierbeinigen Freund. Auch das Einhalten und Einteilen von Räumen – Sie erinnern sich: rechter Raum, linker Raum und vorne ist die Küche –, das Einhalten von Distanzen zu Ihnen, wie etwa im freien Anschluss, gehören zur Erfolgsstrategie dieses ersten Lebensjahres eines jungen Hundes. Und das Beste ist, Sie haben gelernt, sich gegenseitig zuzuhören, sein Ausdrucksverhalten zu erkennen und strukturiert zu protokollieren. Bleiben Sie auch in Zukunft dabei. Beobachten Sie Ihren Hund und notieren, was Sie sehen – und nicht, was Sie glauben, was er sagen möchte. Bleiben Sie offen für sein Ausdrucksverhalten. Beobachten Sie ihn genau und horen Sie ihm gut zu. Das gibt Ihnen die Möglichkeit, ihn in seinen Reaktionen ernst zu nehmen und in schwierigen Situationen adäquat zu helfen.

So lernen Sie Ihren Hund zu lesen

Verhalten	häufig	mittel	selten
Wedeln			
Offenes Mäulchen			
Lidschlag			
Bewegliche Ohren			
Weicher Körper			
Zehen-Ballen-Fußung			

Führen Sie Protokoll und vergleichen Sie es mit den vorherigen Protokollen.

Ruhephasen und viel Liebe

Zur guten Tagesstruktur und zum erfolgreichen Management gehört auch, dass Sie sich und Ihrem Hund gemeinsame Ruhephasen, Zeit zur Regeneration, für die Fellpflege und für eine liebevolle Auseinandersetzung nehmen. Zu gerne vergessen wir, dass diese wunderschöne Persönlichkeit, die neben uns steht, immer noch ein Kind ist. Weich, verletzlich, und leicht zu überfordern. Ritualisierte Ruhezeiten tun auch der gemeinsamen Beziehung gut.

Ein Hund, der lernt zu warten, der schläft, während Sie arbeiten, der mit Ihnen ruht, während Sie sich ausruhen, der dann aktiv wird, wenn Sie aktiv sind, ist ein Traumpartner. Sie als Glückschmied sollten diese Ziele in der Aufzuchtphase intensiv verfolgen. Denn diese Ziele sind die Basis für eine entspannte und liebvolle Beziehung zwischen Ihnen und Ihrem Hund.

Der Trieb und seine Kontrollierbarkeit

Als Beutegreifer wächst nicht nur der Körper Ihres Hundes, sondern meist auch der Trieb in gleicher Geschwindigkeit. Gerade eben tapste Ihr Wunschhund noch durch den Garten, jetzt saust er zielgerichtet und mit klaren Absichten dem Eichhörnchen hinterher. Der Beutetrieb gehört zu Ihrem Hund dazu. Den kann man nicht heraussezieren oder tabuisieren. Aber man kann ihn gestalten, modellieren und lenkbar machen. Und schon wieder bringe ich Sie zurück zur Ansprechbarkeit. Nutzen Sie das Erwachen des Beutetriebs, um die Zuverlässigkeit Ihres Hundes immer und überall zu schulen. Auch jetzt muss er auf seinen Namen reagieren. Natürlich darf Ihr Hund das Eichhörnchen anschauen. Dann sagen Sie seinen Namen, geben Raum, sichern den Raum mit der Leine und laden ihn zu sich ein.

Sie können auch kleine Reizlagen inszenieren, um Ihr Hundekind darauf vorzubereiten, dass ein Bewegungsreiz zwar wahrgenommen werden darf, doch wenn sein Mensch ihn anruft, er dennoch unmittelbar ans Telefon geht. Beginnen Sie im sicheren Ambiente, sich dieser Triebgestaltung zu widmen und schulen Sie Ihr Hundekind gezielt, sich innerhalb der Triebentfaltung kontrollieren zu lassen. Binden Sie dieses Training in Ihr Spielverhalten mit Ihrem Hund ein. Üben Sie einfach, dass Sie das Spiel auslösen und nur mit dem Namen jederzeit wieder unterbrechen können. Und feiern Sie Ihre gemeinsamen Erfolge wie großartige Feste.

Mit der Reizangel kann ich gezielt den Bewegungsreiz ansprechen und den Trieb kontrollieren.

Unter jeder Pfote ein Jahr

Wenn Sie Ihren Hund beschreiben, dann zählen Sie erst einmal nur das auf, was Ihnen richtig gut an ihm gefällt. Nur das Positive, nur die schönen Seiten Ihrer Beziehung. Üben Sie dieses Positiv-Denken und beginnen Sie grundsätzlich jede Trainingseinheit mit dieser wunderbaren Gedankenwelt. Natürlich gibt es auch Dinge, die noch nicht so gut laufen. Das ist völlig normal. Diese notieren Sie dann in einer anderen Spalte und setzen sich immer nur drei davon auf Ihre To-do-Liste. Mit dieser Technik fällt es jedem Menschen leicht, einen Überblick zu behalten über das, was war, das, was ist und das, was kommt. Und wenn Sie dann noch in Ihrem Tagebuch lesen, wie jung Ihr Hund noch ist, dann bekommen Sie einen wunderbaren Überblick über die Zeit, die noch vor Ihnen liegt. Ein Hund braucht unter jeder Pfote ein Jahr, um wirklich erwachsen zu werden. Und auch darüber hinaus findet Schulen, Erziehen und Strukturieren Ihres Lieblings noch statt. Lassen Sie sich nicht von einer toxischen Ungeduld anstecken. Sie haben Zeit und sollten auch Ihrem Hund Zeit geben.

DAS ZIEL: BELASTBARER, KLAR ORIENTIERTER, REIFER HUND

Es ist das Bindungssystem, das wir fast aufgebläht haben, mit dem Wissen, dass es Ihren Hund belastbar macht. Rein neurobiologisch ist ausschließlich dieses Bindungssystem in der Lage, das Bedrohungssystem zu beruhigen. Ohne Bindung keine Belastbarkeit. Das bedeutet im Umkehrschluss, dass, wenn Sie eine stabile Bindung zu Ihrem Hund aufgebaut haben, Sie nach und nach Stressoren hinzufügen und Ihren Hund mit Situationen des Lebens konfrontieren können, ohne dass Ihr Hund in eine innere Not gerät. Mit der klaren Orientierung zu Ihnen, seinem sicheren Zuhause, können Sie Ihrem Hund immer und überall eine positive Struktur geben und jede Form von Kritik vermeiden. Mit der Zeit, die Sie in sich und in den Hund investieren, geben Sie Ihrem Hund die Möglichkeit, zu reifen und innerlich stabil zu werden.

Der Blick zurück

Solch ein Tagebuch ist einfach wunderbar, denn es strukturiert nicht nur das Jetzt und plant Ihre Zukunft, sondern es gibt Ihnen Gelegenheit, in den Rückspiegel zu schauen. Sich zu erinnern, wie alles anfing, welche Fragen einen bewegt haben, wo es mal gerumpelt hat und was so wunderschön war, tut unfassbar gut, damit man erkennen kann, was man schon alles erreicht hat. Zu sehen, wie weit man schon gemeinsam gekommen ist, ist die größte Motivation, genauso weiterzumachen. In dieser schnelllebigen Zeit ist ein solches Arbeitstool ein handgemachter Entschleuniger einer wunderbaren Zeit.

Inzwischen ist Luna bestens auf ihren neuen Job vorbereitet und sie macht es mit Begeisterung.

Ob Familienbegleiter, Sportler, Apporteur, Hofbeschützer oder Hüter der Herde: Alle Hund erhalten die gleiche Grundausbildung, bevor es in die Spezialisierung geht.

Der Blick nach vorn

Was nun in den nächsten Jahren auf Sie zukommt, entscheiden Sie ein Stück weit mit. Sie haben nun im besten Falle noch anderthalb Jahrzehnte gemeinsame Lebenszeit, gemeinsame Wegstrecke. Sie haben das Talent Ihres Hundes in diesem ersten Jahr entdecken können und nun können Sie sich auf den Weg machen, ihn innerhalb seiner Neigung zu fördern. Ihr Grundkonzept der positiven Ansprache, gesunder Ernährung, ausreichend Sport und Geisteswissenschaft sollten Sie zu keinem Zeitpunkt verlassen. Es ist gut, einem fast erwachsenen Hund zwei Mahlzeiten am Tag zu geben. Sollte es allzu unpraktisch sein, dann kann ein über zwölf Monate alter Hund auch auf einmal am Tag umgestellt werden, außer bei Hunden großer Rassen. Hier machen aufgrund der Futtermenge zwei Mahlzeiten täglich Sinn.

HORMONELLES

Ihre Hündin wird vermutlich zweimal im Jahr läufig, Ihr Rüde ist das ganze Jahr bereit, sich auf Läufigkeiten in seinem Umfeld einzustellen. Haben Sie den hormonellen Stress Ihres Hundes gut im Blick und lassen Sie sich von Ihrem Tierarzt beraten, wie im Einzelfall damit umgegangen werden sollte.

Dann gibt es einmal im Jahr einen großen Fellwechsel. Bei manchen Hunden merkt man ihn kaum, bei anderen scheint es ein Dauerzustand zu sein. Ritualisieren Sie die Fellpflege und genießen Sie es, Ihren Hund intensiv zu pflegen. Der Fellwechsel hängt bei Hunden nicht direkt mit der Jahreszeit zusammen, sondern wird auch durch die hormonelle Veränderung herbeigerufen.

Das große Jetzt

Sie haben sich für einen Hund an Ihrer Seite entschieden, Sie haben sich vorgenommen, alles richtig zu machen, Sie haben Visionen, Ziele und klare Pläne vor Augen. Und da ist er nun, Ihr vierbeiniger Freund. Er schaut Sie an, sein Maul geöffnet, Lidschlag, bewegliches Ohr, und an seinem Ende wedelt die Rute wie verrückt. Wenn Hunde lachen, dann entsteht Glück. Und genau das können Sie in diesem Moment fühlen. Und Sie spüren es, dieses warme Gefühl tief in Ihrem Herzen, Sie sind sein Lieblingsmensch geworden, sein Zuhause. Was für eine wundervolle Zeit doch dieses erste Jahr war. Voller Abenteuer, Fragen und Erfolge. Kaputte Puschen, verlorene Zähne, nächtliches Aufstehen, voller Geborgenheit, Zuneigung und Komplimente. Eine Zeit, in der Sie sich im Spiel vergessen konnten, den Duft des Welpenfells eingesogen haben und beim Kontaktliegen auf dem Sofa eingeschlafen sind. Sie haben Ihr Hundekind beschützt, umsorgt und richtig lieben gelernt. Was für eine wunderbare Zeit, was für ein Glück, dass Sie diese Zeit erleben können und nun hinausmarschieren, mit einem Freund auf vier Pfoten an Ihrer Seite.

5 Tipps für den Alltag

1. Üben Sie nach wie vor das Einhalten der Räume.
2. Orientieren Sie Ihren Hund innerhalb erhöhter Reizlagen klar und eindeutig zu sich.
3. Sortieren Sie die Fehler, die ein Hund macht, in Fehler und Fehler in unserem Sinne.
4. Schreiben Sie immer erst die positiven Dinge innerhalb Ihrer Beziehung auf und setzen sich nur drei Punkte auf die To-do-Liste, an denen Sie arbeiten möchten.
5. Blicken Sie regelmäßig zurück, um zu sehen, wie weit Sie bereits gekommen sind.

Wissen Sie, ich liebe das Leben mit den Hunden. Und wenn sie lachen, bedeutet das Glück.

Notizen

Meine Erlebnisse

Meine To-dos

Meine Trainingsziele

Meine Fragen

„Der Hund ist ein Begleiter, der uns daran erinnert, jeden Augenblick zu genießen.“

Maria Lennard

Der Blick nach vorn

- Auch wenn Ihr Hund nun erwachsen aussieht, ist er erst ein Jugendlicher, der noch Halt und Förderung braucht.
- Nehmen Sie sich immer wieder bewusst Zeit für das Bindungstraining.
- Gestalten Sie Ihren weiteren Ausbildungsweg zielstrebig aber unehrgeizig.
- Entwickeln Sie die Stärken Ihres Hundes und schwächen Sie die Schwächen.
- Überblicken Sie Ihr Management und vermeiden Sie Fehler.
- Achten Sie auf Ihre Visionen und Ihre eigenen Bedürfnisse, gleichen Sie diese mit den Bedürfnissen Ihres Hundes ab.

Aus dem Nähkästchen

WHISKEY

Aus unserem Alltag Mein kleiner Sportsfreund entwickelt sich zu Mr. „No Limit“. Wir haben das Sporttraining ausgebaut. Er schafft nun ohne Probleme 6 km mit einem Galoppinterwall in der Mitte und ist begeistert von unseren Radtouren. Im Apportieren entwickelt er mehr und mehr Zuverlässigkeit und arbeitet konzentriert und verbindlich mit. Seine Art, mich zum Lachen zu bringen, ist unvergleichlich. Nun hat er herausgefunden, dass, wenn wir im Wald sind und er dort vor mir Pirouetten dreht, ich jedes Mal anhalte, um ihn zu loben. Dieser kleine Kobold denkt sich immer neue Sperenzien aus, was habe ich nur ohne ihn gemacht? Zu gerne begleitet er uns zu den Turnieren mit den Pferden. Bei unserem letzten Ausflug hat er Wildschweinlosung gefunden und sich damit sein weißes Plüschfell sehr gründlich eingerieben. Er landete dann am Pferdeanhänger im Wassereimer und duftete fast noch eine Woche lang nach Kräutershampoo. Er sorgt von ganz allein dafür, dass er ein fröhliches Umfeld hat, denn er geht mit seiner Lebensfreude sehr spendabel um.

Sozialverhalten Seine soziale Kompetenz ist überragend. Er ist immer freundlich, selbstbewusst und deeskalierend. Er überredet jeden zu einem kleinen Spiel und auch sein Umgang mit Ressourcen ist vorbildlich.

Ausbildung Er hat nun seinen Part für unsere Show verstanden und schafft es, die Rose zu mir auf mein liegendes Pferd zu bringen. Allein das zu trainieren macht glücklich.

Was ich im Blick habe Im Haus beginnt er mit Territorialverhalten. Wenn plötzlich jemand reinkommt, würde er gerne knurren und bellen. Hier orientiere ich ihn mit der ziehenden Hilfe.
Sein Fell scheint nicht gut zu wärmen, deshalb braucht er im Winter Mäntel, und muss nach dem Schwimmen sofort getrocknet werden. Er friert sonst sehr schnell. Dennoch hat er alle Bedürfnisse wie die großen Hunde, er braucht dieselbe Auslastung, Ausbildung und Erziehung. Er ist ein großes Herz mit weißem Plüsch und verbreitet mit seinem Lachen positive Energie.

Aus dem Nähkästchen

JUICE

Aus unserem Alltag Sie war bislang noch nicht läufig. Das kann passieren, wenn junge Hündinnen in einem funktionierenden Rudel, so, wie es bei uns ist, aufwachsen. Sie arbeitet unfassbar eifrig an der Herde und bekommt hier einen überzeugenden Ausdruck. Sie ist schnell wie der Wind und bewegt ihren Körper fast schwerelos. So auch beim Fahrradtraining. Sie ist nun bei 6 km täglicher Laufleistung mit Galoppintervallen. Es ermüdet sie überhaupt nicht. Sie ist in diesem Leben hier angekommen und kann nun innerlich loslassen. Sie ruht entspannt und setzt ihre Energie sehr gezielt ein. Ich freue mich auf die Zeit, die vor uns liegt. Sie ist der Inbegriff der Faszination Border Collie! Ein atemberaubender Leistungshund.

Was ich im Blick habe Ich würde mir wünschen, dass sie noch mehr Muskulatur und ein festeres Bindegewebe aufbaut. Das muss ich für die weitere Ausbildung an der Herde im Blick haben, damit sie die große körperliche Belastung gut aushält.

Sozialverhalten Ihr Sozialverhalten beginnt sich von kindlich zu aufstrebend zu verändern. Sie lässt sich von den anderen Hunden nicht mehr alles sagen. Sie versucht auch schon einmal gegenzuhalten. Wenn ich das sehe, dann rufe ich die Hunde mit dem Namen auseinander, hole beide vor mich in meine Küche und entspanne die Situation. So zart und elfenhaft, wie sie wirkt, ist sie gar nicht.
Ihre ursprüngliche etwas sperrige Art ist für mich noch ab und zu wahrnehmbar, denn sie hat häufig das Maul geschlossen und wirkt angespannt oder konzentriert. Sie braucht immer etwas Zeit, um ihr Herz zu öffnen. Sie wedelt selten, nimmt aber mein Bindungstraining sehr gut an und sucht meine Nähe und Zuneigung. Sie ist ein unauffälliger, unkomplizierter Begleiter geworden und ich freue mich wahnsinnig auf die Jahre, die vor uns liegen und sie als Teil meines Teams bei mir zu haben. Ich bin mir sicher, dass sie unter jeder Pfote ein Jahr braucht, um wirklich erwachsen zu sein. Und das müssen wir im Kopf haben: Es ist die Zeit, die die Reife bringt.

Aus dem Nähkästchen

JODA

Aus unserem Alltag Mein kleiner Lausbub hat inzwischen sein und unser Leben fest im Griff. Er ist innerhalb von vier Monaten aus drei Halsbandgrößen und ebenso vielen Körbchen herausgewachsen. Manchmal, wenn er schläft, quietscht er, und mir scheint es, als hätte er Wachstumsschmerzen. Er will richtig groß werden und seine Füße haben eine XXL-Schuhgröße. Er ist absolut sauber und hält selbstständig die Rituale des Tages ein. Er sorgt für sich. Die rassetypischen Merkmale wie Selbstständigkeit, Loyalität und Abwehrpotenzial sind unübersehbar. Er wirkt in seiner Art sehr ursprünglich. Er ist unfassbar verschmust und apportiert auch gerne. Wenn er mich sieht und auf mich zugaloppiert kommt, sein ganzer Körper vor freudiger Erregung wackelt, mit einer wie verrückt wedelnden Rute am Ende, dann geht mir das Herz auf. Er liebt es, wenn ich abends zu ihm in die Kudde krabble und ihm seinen schönen großen Kopf ausmassiere, und er braucht diesen Körperkontakt so dringend wie seine immer noch vier Mahlzeiten am Tag.

Sozialverhalten Im Sozialverhalten braucht er nach wie vor Unterstützung. Er würde den anderen Hunden gerne mit den Worten: „Platz da, sonst gibt's was aufs …" begegnen, und wir üben, dass er auch die Möglichkeit im Kopf hat, selbst Abstand einzunehmen. In einem Konflikt mit zwei- oder vierbeinigen Räubern dürfen diese Hunde keinen Millimeter nachgeben. Das muss man zuchtgeschichtlich immer im Kopf haben. Dennoch ist es für ein friedvolles Miteinander wichtig, dass er lernt zu differenzieren und sein Potenzial dort freisetzt, wo es vonnöten ist, und nicht überall damit rumprotzt.

Ausbildung Wir üben mit ihm viel Autofahren und Duldsamkeitstraining, damit er bei seinen Tierarztbesuchen keinen Stress hat und keinen Stress macht. Er ist immer wieder viel an der Leine, auch, wenn er von alleine gut frei folgen würde. Es ist mir sehr wichtig, dass er in einem sicheren Rahmen groß wird und immer mit Leichtigkeit zu führen ist. Das gibt ihm und mir Sicherheit.

Aus dem Nähkästchen

LUNA

Aus unserem Alltag Little Miss Sunshine, ein Hund, der immer lacht. Sie hat sich unfassbar toll entwickelt. Sie ist für mich der lebendige Beweis dafür, dass es die Bindung ist, die Glück erzeugt. Und sie geht spendabel mit diesem Glück um und teilt es großzügig an ihre Umwelt aus. Sie ist weich, zugewandt, achtsam, lacht den ganzen Tag, ruht, wenn ich arbeite, läuft am Rad wie eine Feder und lässt sich immer und überall auf ein Spielchen ein. Sie beginnt nun mit einem großen Fellwechsel, der überaus aufwendig ist. Sie hat eine feine Unterwolle, die nach und nach rauswachsen möchte und täglich gebürstet werden muss, bis all das weiße Plüschfell rausgekommen ist.

Luna öffnet sich die Herzen der Menschen mit einem Augenaufschlag. Ich habe bereits verschiedene Tests mit fremden Menschen vorgenommen und bislang konnte ihr niemand widerstehen. Sie zaubert den Menschen ein Lachen ins Gesicht. Was kann man sich Schöneres im therapeutischen Bereich wünschen, als einen Mitarbeiter zu haben, der die Patienten und den Arzt herzerwärmend zum Lachen bringt? Es wird ein wunderbares Projekt, das auf uns zukommt, wenn es heißt: Der Doktor und der liebe Hund.

Ihr Ausdrucksverhalten ist immer freundlich, ihre soziale Kompetenz überragend. Die anfängliche Problematik des Kotfressens ist nahezu in Vergessenheit geraten. Sie hat immer noch Hummeln im Hintern und das ist auch das Hauptthema in ihrer Ausbildung: Warten lernen, zur Ruhe kommen, langsam machen. Diesem Thema begegne ich mit einer spielerischen Konsequenz, eben mit Geduld und Wiederholungen. Ihre positive, immer zugewandte Art darf niemals unter einer zu strengen Erziehung leiden. Ich weiß, dass sie noch etwas Zeit braucht, um eine innere Reife zu erfahren, und diese Zeit investiere ich von Herzen gern.

ZUM SCHLUSS

Dankbarkeit ist eine Gabe,
die das Glück vollkommen macht

Nun habe ich Sie begleitet, liebe Leserinnen und Leser, in Ihrem ersten Jahr mit Ihrem Hund. Ebenso konnten Sie mich begleiten mit den unterschiedlichsten Hunden, die verschiedene Aufgaben und eine sehr unterschiedliche Genetik in sich führen. Bei alldem können wir ein Resumee ziehen: Von innen sind alle gleich. Sie haben dieselben Grundbedürfnisse, die wir Menschen erfüllen müssen. Sie wollen alles richtig machen? Dann fluten Sie Ihren Hund mit Liebe, geben ihm Halt und einen sicheren Rahmen. Begleiten Sie ihn in seiner Entwicklung, glauben Sie an sich und vor allem an Ihren Hund. Üben Sie sich in Geduld und genießen Sie die einzigartige Zeit: Die Kindheit.

Klassenfoto: Hier ist die Rasselbande zwischen neun Wochen und neun Monaten alt …

Herzlichen Glückwunsch

Und außerdem darf ich Ihnen an dieser Stelle im Buch gratulieren, denn Sie sind nun ein Glücksschmied. Sie haben viel über Management und gute Rituale gelernt, kennen sich mit der Ernährung Ihres Lieblings bestens aus, sind alltags- und auch reisetauglich geworden, und haben einen lachenden Hund an Ihrer Seite, der auffällt durch Nicht-Auffallen, der sozial kompetent und immer ansprechbar ist. Und das haben Sie erreicht, weil Sie gelernt haben, die Sprachen im Sinne Ihres Hundes anzuwenden, weil Sie gelernt haben zu loben, bis das Lob ankommt, und verstanden haben, dass Bindungsarbeit den größten Teil Ihrer sechsbeinigen Partnerschaft ausmacht.

Sie können nun Ihr eigenes Glück und das Ihres Hundes schmieden. Mit Ihren Aufzeichnungen, die Sie in diesem Buch angefertigt haben, ist es nicht nur Ihr ganz persönliches Tagebuch, sondern auch Ihre Gedächtnisstütze für die Zukunft. Denn immer, wenn Sie eine Veränderung in Ihrer Beziehung zu Ihrem Hund wahrnehmen, dann können Sie nachschlagen und mit dem Blick in den Rückspiegel auch Orientierung für die Zeit finden, die vor Ihnen liegt. Bedenken Sie, dass Ihr Hund unter jeder Pfote ein Jahr braucht, um wirklich erwachsen zu sein. Und freuen Sie sich auf Ihren gemeinsamen Weg, auf die gemeinsame Erfüllung Ihrer individuellen Vision.

Ihre Anne Krüger-Degener

... und nun ein dreiviertel Jahr später. Es ist schön, sie durch ihr erstes Jahr zu begleiten.

Service

„Wenige Dinge geben mir ein solch tröstliches Gefühl von Vertrauen, wie die Treue eines Hundes."

Konrad Lorenz

ZUM WEITERLESEN

Weitere Bücher von Anne Krüger-Degener

Wenn Hunde lachen. HarmoniLogie® – Kommunikationstraining für Mensch und Hund. Kosmos 2018

Wenn Hunde uns vertrauen. Missverständnisse vermeiden mit der HarmoniLogie® – Der Weg zum klaren Dialog. Kosmos 2021

Wenn Pferde Komplimente machen. HarmoniLogie® – Kommunikationstraining für Mensch und Pferd. Kosmos 2019

Glücksschmiede für Pferde. HarmoniLogie® – Ausbildung ohne Missverständnisse. Kosmos 2022

Was Sie auch interessieren könnte

Baumann, Ina und Thomas: **Entschleunigung von Mensch und Hund.** Gemeinsam zu mehr innerer Ruhe und Gelassenheit. Kosmos 2021

El Ayachi, Sami und Renée Herrnkind: **Der zugewandte Hund.** Körpersprache richtig verstehen und anwenden. Kosmos 2021

Gansloßer Udo und Kate Kitchenham: **Beziehung – Erziehung – Bindung.** Forschung im Dienst des Mensch-Hund-Teams. Kosmos 2015

Grewe, Michael und Inez Meyer: **Hoffnung auf Freundschaft.** Das erste Jahr des Hundes. Kosmos 2012

Grote, Maren: **Hunde lesen lernen.** Hundeverhalten – praxisnah erklärt. Kosmos 2022

Krämer, Eva-Maria. **Der KOSMOS Hundeführer.** Hunderassen kennenlernen. Kosmos 2017

Nitzschner, Marie: **Die Persönlichkeit des Hundes.** Wie Gene und Umwelt das Wesen bestimmen. Kosmos 2021

Theby, Viviane: **Das Kosmos Welpenbuch.** Entwicklung und Auswahl, Eingewöhnung, Sozialisierung und Erziehung. Für einen guten Start ins Hundeleben. Kosmos 2016

Zvolsky, Norma: **Retrieverschule für Welpen.** Grunderziehung, Dummytraining. Kosmos 2018

WEBINARE

Viele spannende Themen, Autorinnen und Autoren finden Sie in unseren Online-Seminaren. Ob live oder als Aufzeichnung, hier dreht sich alles um den Hund.

SOCIAL MEDIA

Möchten Sie wissen, was los ist? Storys, Webinar-Ankündigungen, Zitate, Buchclips, Gewinnspiele, Take over unserer Autorinnen und Autoren und vieles mehr finden Sie unter:

instagram.com/kosmos.hund
facebook.com/kosmos.hund
www.kosmos-hund.de

Folgen Sie uns und werden Sie Teil unserer KosmosHund-Community.

Nützliche Adressen

Verband für das Deutsche Hundewesen (VDH) e.V.
E-Mail: info@vdh.de
Internet: www.vdh.de

Österreichischer Kynologenverband (ÖKV)
E-Mail: office@oekv.at
Internet: www.oekv.at

Schweizerische Kynologische Gesellschaft (SKG)
Internet: www.skg.ch

Berufsverband der Hundeerzieher/innen und Verhaltensberater/innen e.V. (BHV)
E-Mail: info@hundeschulen.de
Internet: www.hundeschulen.de

Tierschule & Schäferei Anne Krüger-Degener
Buersche Straße 132, 49324 Melle
Telefon: +49 (0) 54 22 4 51 41
E-Mail: info@anne-krueger-degener.com
Internet: www.anne-krueger-degener.com

ÜBER MICH

Anne Krüger-Degener

Tierwirtschaftsmeisterin bin ich von Beruf und Tiertrainerin ist meine Berufung. Ich habe einen Ausbildungsbetrieb aufgebaut, eine ökologische Grünlandwirtschaft, eine Tierschule für Hunde, Pferde und Menschen gegründet, ein Konzept entwickelt, Bücher geschrieben, Filme gedreht, viele Hunde und Pferde ausgebildet, war mit meiner Familie weltweit mit unseren verschiedenen Shows unterwegs und bin den Beziehungen zwischen Mensch und Tier immer wieder auf den Grund gegangen.

Wirken darf ich auf einem bezaubernden Hof, der die Heimat einer Schaf- und Ziegenherde, einem guten Dutzend Pferde, ebenso vielen Hunden, Hühnern, Enten und Katzen darstellt. Es ist ein Niedersachsenhof, der so konstruiert ist, dass man mit den Tieren unter einem Dach lebt. Über 150 Jahre erzählt dieser Hof bereits die Geschichten der 13 Generationen Degener und ist heute die Heimat unserer kleinen Familie und der HarmoniLogie®.

Wir bilden Pferde aus für Sport, Show und Freizeit. Wir begleiten die unterschiedlichsten Teams auf dem Weg in eine gelungene Partnerschaft. Und wir bilden Hunde aus, Hunde jeder Couleur. Zu unseren Hunden gehören Leistungs-Border Collies, die wir seit 30 Jahren erfolgreich züchten und ausschließlich im Koppelgebrauch schulen. Das bedeutet, dass diese Hunde im Einsatz an den Herden sind. Zudem haben wir Labrador Retriever und Border Terrier, die für alle Apportiertätigkeiten, jagdliche Einsätze und die Arbeit als sozialer Diensthund geschult werden. Dann kommen noch unsere Molosser, ein Pyrenäenberghund und ein Kangal oder sagen wir ein Innenminister und sein Kumpan beziehungsweise sein Azubi hinzu. Und zudem noch Whiskey, unser lebenslustiger Mini.

Von all diesen Tieren, mit denen ich mein Leben teile, für die ich sorge und die ich ausbilde, habe ich gelernt, dass das Leben und Arbeiten mit diesen so unterschiedlichen Tieren immer auf denselben Grundlagen basiert: Nähe und Distanz, Entspannung und Aktivierung, Vertrauen und Respekt. Es ist der Weg zurück zur Muttersprache, der Weg, einen Clan zu bilden, der Weg nach Hause. Es ist die HarmoniLogie®. Und diesen Weg gebe ich an meine Schüler weiter.

MEIN DANK

an alle Beteiligten

Von ganzem Herzen möchte ich mich bei all den Menschen bedanken, die mich angefeuert und unterstützt haben, denn ohne euch wäre dieses Buch nicht entstanden.
Danken möchte ich all den Schülern und Teams, die ich begleiten durfte und die Sie, liebe Leserinnen und Leser, an Ihrem Weg mit ihrem Welpen teilhaben ließen:
Iris Brandner und Aiden, Susanne Wagner mit Pelle, Christiane Amendt mit Lincoln, Katrin und Mats Tendick mit Bounty, Marion Jünke mit Scott, Carla Marie Degner mit Luna, Jan Degener mit Gandalf und unserem Tierarzt Dr. Steffen. Ich danke euch allen von ganzem Herzen für diese wunderbare, gemeinsame Zeit.
Was wäre ein Buch ohne schöne Bilder? Tolle Momente mit einer einzigartigen Bildsprache wurden von Anna Auerbach eingefangen. Liebe Anna, danke für deinen wieder einmal unermüdlichen, künstlerischen und einzigartigen Einsatz!
Stolz und dankbar bin ich für die Zusammenarbeit mit dem Kosmos Verlag, allen voran meiner Lektorin Alice Rieger. Liebe Alice, deine geduldige, unfassbar professionelle, einfühlsame und kreative Arbeit hat das Buch zu dem werden lassen, was es ist. Dir und deinem ganzen Team gilt mein herzlichster Dank.
Und so verabschiede ich mich, liebe Leserinnen und Leser, von Ihnen und wünsche Ihnen alles Gute auf Ihrem Weg, bei dem aus Ihrem Hundekind ein großer Freund wird.

Ihre Anne Krüger-Degener

REGISTER

BILDNACHWEIS

167 Farbfotos wurden von Anna Auerbach/Kosmos für dieses Buch aufgenommen. Weitere Farbfotos von Anna Auerbach/Archiv (3: S. 10, 16, 26), Mirjam Michels (1: S. 45), Heike Schmidt-Röger/Kosmos (2: 24 unten beide).

Mit Illustrationen istock/hadkhanong-Thailand (4: S. 25, 27 u., 81 u., 83, 85, 187), Shutterstock/Anastasia Osipova (2: S. 27 o., 81, 186), Shutterstock/Azamat Fisun (3: 32, 43, 89, 115, 117, 147, 173, 183, 188), Shutterstock/CloudyStock (1: S. 41, 171), Shutterstock/Moriz (1: 168), Shutterstock/Sammy33 (1: 139). Einige Illustrationen wurden mehrfach im Buch verwendet. Insofern weichen die Anzahl und die Summe der Seitenzahlen voneinander ab.

Mit 11 Filmen über die KOSMOS PLUS App von Jan Degener.

IMPRESSUM

Umschlaggestaltung von GRAMISCI Editorialdesign/Stefanie Wawer unter Verwendung von 10 Farbfotos von Anna Auerbach/Kosmos sowie 3 Zeichnungen von Shutterstock.

Mit 167 Farbfotos und 10 Illustrationen.

Unser gesamtes Programm finden Sie unter **kosmos.de.**
Über Neuigkeiten informieren Sie regelmäßig unsere Newsletter, einfach anmelden unter **kosmos.de/newsletter**

Gedruckt auf chlorfrei gebleichtem Papier

ISBN 978-3-440-17537-8
Redaktion: Alice Rieger
Gestaltungskonzept: GRAMISCI Editorialdesign/Claudia Geffert, München
Gestaltung und Satz: Claudia Adam Graphik-Design, Bad Kreuznach
Produktion: Nina Renz, Carolin Wacker
Druck und Bindung: Grafisches Centrum Cuno, Calbe
Printed in Germany/Imprimé en Allemagne

FSC www.fsc.org MIX Papier aus verantwortungsvollen Quellen FSC® C043106